建筑防烟排烟系统设计技术措施

上海水石建筑规划设计股份有限公司
林星春　编著

图书在版编目（CIP）数据

建筑防烟排烟系统设计技术措施 / 上海水石建筑规
划设计股份有限公司，林星春编著. — 北京：中国建筑
工业出版社，2022.8（2023.9 重印）
ISBN 978-7-112-27638-7

Ⅰ. ①建… Ⅱ. ①上… ②林… Ⅲ. ①建筑物-防排
烟-建筑设计-技术措施 Ⅳ. ①TU761.2

中国版本图书馆 CIP 数据核字（2022）第 128820 号

责任编辑：张文胜
责任校对：芦欣甜

建筑防烟排烟系统
设计技术措施

上海水石建筑规划设计股份有限公司 编著
林星春

*

中国建筑工业出版社出版、发行(北京海淀三里河路 9 号)
各地新华书店、建筑书店经销
北京鸿文瀚海文化传媒有限公司制版
建工社（河北）印刷有限公司印刷

*

开本：787 毫米×1092 毫米　1/16　印张：9½　字数：237 千字
2022 年 8 月第一版　　2023 年 9 月第二次印刷
定价：**48.00** 元
ISBN 978-7-112-27638-7
（39717）

前　言

《建筑防烟排烟系统技术标准》GB 51251—2017（以下简称 GB 51251—2017）距 2018 年 8 月 1 日正式实施已三年有余，引发了设计和审图人员等对建筑防烟排烟系统设计的讨论热潮。期间不少地方也陆续发布了一些地方标准、技术导则、审查要点、问题解答、研讨纪要等，不同地方的文件名称归类如表 1 所示。

不同地方关于 GB 51251—2017 的文件名称归类　　　　　　　　　表 1

文件名称归类	地方名称
地方标准	上海
设计指南、技术指南	浙江、陕西、西安、四川、重庆、武汉、贵州、南京、河南
技术导则	云南
操作指南	石家庄
审查要点	甘肃
审查指引	深圳
适用指引	山东
问题释疑	广东、广西、云南
问题解答（指导）	广东、江苏、苏州、无锡
相关问题意见	江西
问题处理意见	湖南
常见问题统一标准	邢台
研讨纪要	长沙、福建、济南、江苏、南京、徐州、镇江
执行（落实、加强）通知	武汉、盐城、常州、无锡、扬州、昆山、三亚、珠海

注：表中省份表示省发文件，城市表示市发文件。

对 GB 51251—2017 的理解中，除了尚未发布相关文件的省份外，也存在着同一省份不同部门分别发布不同文件、省内各市分别发布不同文件、同一文件多次更新版本等情况。除去版本更替，截至目前共有约 36 份和 GB 51251—2017 相关的地方性文件，关于各地文件是否盖章发布等如表 2 所示。笔者对这些文件与关于防烟排烟系统设计的相关国家标准进行了对比整理成文件汇编[①]并不断更新，在对比过程中也发现存在着对于同一个问题不同省份做法区别较大甚至要求相反的情况，主要存在争议的问题[②]如表 3 所示。

[①]　上海水石建筑规划设计股份有限公司，《防排烟设计国标与各地要求对比汇编》（第五版）。

[②]　林星春，《建筑防烟排烟系统设计各地要求 PK》。

不同地方关于 GB 51251—2017 的文件性质介绍　　　　　表 2

地方名称	住房城乡建设厅（局、委）发布	消防队发布	审图中心发布	学/协会发布	正式盖章	未盖章	试行稿	征求意见稿
浙江	✓	✓			✓			
上海	✓				✓			
陕西	✓					✓		
西安	✓					✓	✓	
四川、重庆				✓		✓	✓	
广东				✓	✓			
深圳	✓					✓		
珠海	✓				✓			
广西				✓	✓			
江西				✓		✓		
云南	✓	✓		✓	✓		✓	
湖南				✓		✓		
长沙				✓		✓		
福建				✓		✓		
河南				✓	✓			✓
甘肃	✓					✓		
山东	✓	✓			✓			
济南			✓			✓		
石家庄	✓	✓			✓			
邢台	✓					✓		
武汉	✓	✓			✓	✓		✓
贵州					✓			
江苏	✓		✓		✓			
南京	✓		✓				✓	
徐州				✓		✓		
苏州	✓		✓		✓			
盐城			✓			✓		
无锡		✓	✓		✓	✓		
常州								
扬州			✓		✓			
昆山			✓					
镇江		✓				✓		
三亚	✓				✓			

注：表中省份表示省发文件，城市表示市发文件。

不同地方关于 GB 51251—2017 的文件中具有争议的问题　　　表3

序号	地方文件中相互矛盾的问题列举
1	"最高部位"在哪里
2	楼梯间每 5 层的 $2m^2$ 是否包含最高部位的 $1m^2$
3	地下三层防烟楼梯间是否可以自然通风
4	设置机械加压的地下楼梯间和内部楼梯间是否设置固定窗
5	住宅楼梯间三合一前室的 A_k 取值
6	前室有多个入口时加压送风口如何设置
7	首层扩大前室防排烟做法
8	直通室外的疏散门是否可作为自然防排烟口
9	丁类生产车间排烟是总面积还是单个面积
10	地上建筑内的无窗房间含不含固定窗房间
11	屋顶或室外设置的消防风机是否要设专用机房
12	走道有没有净高 3m 的区分
13	侧排烟口 d_b 取值是中心线以下还是下端以下
14	多个排烟口之间是否有最小距离要求
15	挡烟垂壁底部是否可以低于 2m
16	走道、室内空间净高不大于 3m 的区域是否计算最大允许排烟量
17	自然排烟是否需要设置补风系统
18	仅有一面外墙可设置排烟窗(口)的厂房、仓库是否必须机械排烟
19	电动汽车库的两个防火单元是否可以合并消防系统
20	消防水炮是否按"有喷淋"
21	主风管按设计风量还是计算风量
22	车库排烟量计算查询表格中的风量是计算风量还是设计风量
23	加压送风系统负压段,排烟系统正压段是否可以采用土建风道
24	设置于独立管井内的竖向排烟管道的耐火极限要求

　　不知何时,防烟排烟设计甚至已经成为暖通专业的代名词,而其实防烟排烟设计仅仅是消防通风的内容,消防通风仅仅是应急通风的部分内容,应急通风仅仅是通风的部分内容,通风仅仅是"供热、通风、除尘、空调、净化、制冷"中的部分内容。在全国勘察设计注册公用设备工程师(暖通空调)专业考试中,与防烟排烟相关的题目分值仅占 4% 左右。

　　与人民生命及财产安全息息相关的防烟排烟设计并不似以舒适和节能为目的的供暖空调设计,不会因热工分区的地区差异而存在不同的设计要求。因此,各地有关防烟排烟的文件中的不同的要求不仅会困扰建筑设计和图纸审查人员,也挑战了国家标准的严谨性或者说凸显了 GB 51251—2017 的不严谨性。据了解,不同图纸审查人员对于各种相关文件是否应执行所持的态度多种多样,如表4所示。

不同图纸审查人员对于各种相关文件是否执行所持的态度　　　　表4

文件性质	参照执行	无须参照执行
标准编制组复函	原标准编制组针对具体问题的复函,效力同标准,应执行	一般都是复函给提问题的单位,未公开发布,其他单位可不执行
地方标准	正式发布实施,应执行	
盖章文件	相关部门盖章,应执行	
未盖章文件	可参照执行	未正式盖章,可不执行
消防局或住房城乡建设厅(局、委)文件	主管部门发布,应执行	
审查中心文件	图纸审查公司发文,应执行	非主管部门,可不执行
学/协会文件	可参照执行	非主管部门,可不执行
试行稿	可参照执行	试行期间,可不执行
征求意见稿	可参照执行	仅用于征求意见,可不执行
宣贯培训稿	可参照执行	非发布文件,可不执行
其他省份文件	本省未明确的规定,可参照执行	非国家非本省文件,不应参照

　　基于以上背景,本措施以《建筑防烟排烟系统技术标准》GB 51251—2017 为基准,结合国家标准规范及各地的文件,综合整理成上海水石建筑规划设计股份有限公司的《建筑防烟排烟系统设计技术措施》,以一个普通暖通设计师的角度结合实际工程设计和图纸审核的经历,尝试给出相对合理的建议做法,并保留各种特例。同时,融入了个人的理解和期望。本措施结合图表总结,更具可操作性和可执行性。编写本措施的目的,一是供其他未进行明确解释的省份的项目设计参照;二是给其他建筑设计公司设计师制定内部技术措施提供参考;三是为国家标准 GB 51251—2017 的修订提供一点点方向。期待同为暖通设计师的各位同仁不吝指正。至于后续是国家标准修订统一各地做法,还是各地做法主导地方设计成常态,值得我们进一步期待。

　　对于本措施与《建筑防烟排烟系统技术标准》GB 51251—2017 及相关文件中明显不同之处,书中特别用下划线进行了标注提醒。本措施的整理过程中得到了"牛侃暖通"和"防排烟技术措施委员会"各位"牛友"的支持、鼓励、提醒、指导、建议,尤其是提出了多条有价值的想法和审图意见,在此一并感谢。

林星春
2022 年 5 月于上海

目　录

1 基本规定

1.1 总则

1.1.1 为了对国家防烟排烟系统设计相关的标准以及地方不断发布的相关规程、文件、指南、规定、解答、释疑、指引、导则、纪要、要点等进行综合比较以及给出建议做法，特编写上海水石建筑规划设计股份有限公司《建筑防烟排烟系统设计技术措施》。

1.1.2 本措施是基于《建筑防烟排烟系统技术标准》GB 51251—2017 及相关的国家和地方设计规范、规定整合编制。使用期间，建筑防烟、排烟系统的设计、施工、验收及维护管理应按国家和各地最新颁布的相关要求执行。

1.1.3 消防通风中的建筑防烟、排烟系统设计，应结合建筑的特性和火灾烟气的发展规律等因素，采取有效的技术措施，做到安全可靠、技术先进、经济合理。

1.1.4 对于有特殊用途或特殊要求的工业与民用建筑，当专业标准有特别规定的，可从其规定，但未涵盖的内容则按《建筑防烟排烟系统技术标准》GB 51251—2017 执行。

1.1.5 改造、扩建、装修和临时建筑也应符合《建筑防烟排烟系统技术标准》GB 51251—2017 的规定。对于局部改造和功能改变的局部装修项目，除地方明文规定以外，按以下原则执行：仅改造和装修范围内按《建筑防烟排烟系统技术标准》GB 51251—2017 执行，若与改造和装修区域相关系统的管井、机房等应根据《建筑防烟排烟系统技术标准》GB 51251—2017 进行校核，如计算风量不满足标准的要求，则需重新调整。

【注解】装修项目或局部改造或进行不改变使用功能的整体改造时，现有竖向排烟系统排烟量符合现行标准的，排烟可接入原排烟竖井，原排烟竖井可适用原标准；原竖向排烟系统排烟量不能满足改造要求的，应按现行标准采用其他排烟方式。

【特例】局部改造和功能改变的局部装修项目，对于外墙固定窗问题，当不涉及相关区域立面改造时，可维持既有建筑相关部位外立面现状。

1.1.6 《建筑防烟排烟系统技术标准》GB 51251—2017 是一本全专业规范，建筑防烟排烟设计是各专业系统协同、紧密配合的工作，与各专业相关的设计内容应分别体现在相应的专业设计图纸中，有关设计阶段技术内容由暖通专业主导，建筑、电气、结构、给水排水等专业协同，各专业分别承担相应的提资和落实责任，审图公司应按相应专业提出审查意见。具体设计内容的各专业提资和实施如表 1.1.6 所示。

建筑防烟排烟设计各专业协同工作表 表 1.1.6

设计内容	提资专业	接收或实施专业	配合专业
防烟排烟补风机房	暖通	建筑实施	结构
排风排烟合用机房设置自动喷水灭火系统	暖通	给水排水实施	
土建管井或楼板留洞及封堵	暖通	建筑实施	结构
外墙百叶	暖通	建筑实施	
自然通风可开启外窗或开口	暖通	建筑实施	
手动自然排烟窗（口）	暖通	建筑实施	
电动排烟（补风）窗（口）	暖通	建筑实施	电气
可开启外窗手动开启装置	暖通	建筑实施	
可开启外窗电动开启装置	暖通	电气实施	建筑
固定窗	暖通	建筑实施	
可熔性采光带	暖通	建筑实施	
设备荷载及基础	暖通	结构接收	建筑
固定式挡烟垂壁	暖通	建筑实施	
电动挡烟垂壁及手动控制装置	暖通	建筑接收	电气
风管风口穿越剪力墙或梁留洞	暖通	结构实施	建筑
风管风口穿越砖墙留洞	暖通	建筑实施	
防烟排烟补风系统(风口、阀门、设备及联动)电动控制(包括机械加压送风系统测压装置及风压调节措施的控制)	暖通	电气实施	
排烟空间是否有喷淋	给水排水	暖通接收	

1.1.7 防烟排烟系统施工图设计文件应包含的内容和深度如表 1.1.7 所示[①]。

建筑防烟排烟设计施工图文件内容和深度 表 1.1.7

文件内容	文件深度
设计施工说明	1. 设计说明 (1)相关的设计依据 (2)工程概况 (3)防烟系统设计说明 (4)排烟及补风系统设计说明 (5)防火等关联设计说明 (6)控制要求设计说明 2. 施工说明 (1)设备、材料、附件等选型要求及施工安装要求 (2)调试、运转、验收要求 (3)需执行的规范和参考的相关图集 3. 相关图例 注:防烟排烟设计相关规范的强制性条文在说明中进行表述

---

① 《建筑工程设计文件编制深度规定 2016 版》第 4.7 节。

文件内容	文件深度
设备性能表	设备序号、设备编号、参考型号、风量、全压、静压、电压、功率、重量、规格尺寸、噪声、相关能效、噪声、服务对象、安装位置、安装形式、减震要求等
平面图	1. 防火防烟分区示意图 2. 防烟分区标注: (1)自然排烟:编号、面积、走道宽度、净高、吊顶情况、是否有喷淋、最小清晰高度、设计清晰高度、储烟仓厚度、长边长度、有效开窗面积要求,如图1.1.7(a)和图1.1.7(b)所示 (2)机械排烟:编号、面积、净高、吊顶情况、是否有喷淋、最小清晰高度、设计清晰高度、储烟仓厚度、长边长度、排烟口下烟层厚度、单个风口允许最大排烟量等,如图1.1.7(c)和图1.1.7(d)所示 (3)自然补风标注 3. 平面设备布置:位置、设备编号、基础、距墙尺寸等 4. 平面风管布置:双线走向、附件、尺寸、主要风管安装高度等 5. 平面风口外墙百叶等布置:位置、形式、大小、数量、安装方式和高度、风量、定位尺寸等 6. 平面阀门等布置:位置、代号、特殊的控制要求等 7. 平面挡烟垂壁布置:位置、形式、壁底高度等 8. 总图或单体出地面风口标注:进风还是排风、大小、底部标高等 9. 由相关专业落实的内容(如:外墙可开启外窗、固定窗、可熔性采光带、挡烟垂壁、控制按钮、外墙留洞、管道穿剪力墙留洞等)标注提资具体要求并注明详见具体哪个专业图纸 10. 其他特别标注的内容:中庭、敞开式外廊、架空层、不设排烟的房间的建筑面积或走道长度、特殊部位的耐火极限要求(如穿越防火分区的风管)、设气体灭火或细水喷雾灭火系统的区域等
系统原理图	1. 建筑高度、层高、系统服务高度 2. 标注防烟和排烟部位的具体名称、不同楼梯间的编号 3. 设备以及设备编号、风口(形式、大小、数量、风量)、竖向风管规格大小 4. 系统分段情况 5. 余压监测系统及旁通或泄压装置 注:防烟排烟等系统跨越楼层不多,系统简单,且在平面图上可较完整的表示系统时,可只绘制平面图,不绘制系统原理图
详图剖面图	平面图和系统图不能表达清楚的绘制详图和剖面图,如上下叠放安装的机房、重要部位多层管道布置的吊顶内、细节做法等,当平面图设备、风道、管道等尺寸和定位尺寸标注不清时,应在剖面图标注
计算书	防烟排烟风机的风量计算书(计算风量、设计风量)和阻力计算书、单个风口最大允许排烟量计算 注:简单的可在设计总说明或设备表中表达,复杂项目应单独成册。采用软件计算时,应注明软件名称、版本及鉴定情况,输出相应的简图、输入数据和计算结果

防烟分区编号	1F-1(走道)	
防烟分区面积	90	m²
走道宽度	2.0	m
走道净高	2.6	m
吊顶情况	封闭式吊顶	
喷淋情况	有喷淋	
长边长度/最大长度	45<60	m
最小清晰高度	1.3	m
储烟仓厚度	0.52	m
设计清晰高度	2.08	m
有效开窗面积	两端各2	m²

(a)

防烟分区编号	1F-2(展厅)	
防烟分区面积	1200	m²
房间净高	7.0	m
吊顶情况	无吊顶	
喷淋情况	有喷淋	
长边长度/最大长度	50<75	m
最小清晰高度	2.3	m
储烟仓厚度	2.0	m
设计清晰高度	5.0	m
d_b	2.0	
计算排烟量	91000	m³/h
顶部有效开窗面积	≥23.15	m²
自然补风有效面积	≥11.58	m²

(b)

防烟分区编号	B1F-1(办公)	
防烟分区面积	60	m²
房间净高	3.5	m
吊顶情况	开放式吊顶	
喷淋情况	有喷淋	
长边长度/最大长度	10<36	m
最小清晰高度	1.95	m
储烟仓厚度	1.0	m
设计清晰高度	2.0	m
d_b	1.0	m
计算排烟量	15000	m³/h
单个风口允许最大排烟量	12400	m³/h
补风方式	走道间接补风(非防火门)	

(c)

防烟分区编号	2F-1(内区办公)	
防烟分区面积	200	m²
房间净高	7.0/3.0	m
吊顶情况	高低吊顶	
喷淋情况	有喷淋	
长边长度/最大长度	15<24	m
最小清晰高度	2.3	m
储烟仓厚度	4.0	m
设计清晰高度	3.0	m
d_b	1.5	m
计算排烟量	63000	m³/h
单个风口允许最大排烟量	19051	m³/h
机械补风量	≥31500	m³/h

(d)

图 1.1.7 防烟分区标注示意图

（a）走道自然排烟防烟分区标注示例；（b）展厅自然排烟防烟分区标注示例；

（c）平吊顶办公机械排烟防烟分区标注示例；（d）不同标高吊顶办公机械

排烟防烟分区标注示例（机械排烟口安装于高处侧墙）

1.2 术语

1.2.1 防烟排烟系统 smoke management system

建筑内设置的用以防止火灾烟气蔓延扩大的防烟系统和排烟系统的总称[①]，又称消防通风系统，包括防烟系统、排烟系统和补风系统。

1.2.2 防烟系统 smoke protection system

通过采用自然通风方式，防止火灾烟气在楼梯间、前室、避难层（间）等空间内积聚，或通过采用机械加压送风方式阻止火灾烟气侵入楼梯间、前室、避难层（间）等空间的系统，防烟系统分为自然通风系统和机械加压送风系统。

1.2.3 排烟系统 smoke exhaust system

采用自然排烟或机械排烟的方式，将房间、走道等空间的火灾烟气排至建筑物外的系统，分为自然排烟系统和机械排烟系统。

1.2.4 机械加压送风 mechanical pressurization

对楼梯间、前室及其他需要被保护的区域采用机械送风，使该区域形成正压，防止烟气进入的方式。

1.2.5 自然排烟 natural smoke control

利用火灾时产生的热烟气流的浮力和外部风力作用，通过建筑物的对外开口把烟气排至室外的排烟方式。

1.2.6 机械排烟 mechanical smoke extraction

利用机械力将烟气排至建筑物外的排烟方式。

1.2.7 建筑高度 building height

除商业服务网点外，住宅建筑与其他功能的建筑合建时，应符合下列规定：住宅部分和非住宅部分的安全疏散、防火分区和室内消防设施配置，可根据各自的建筑高度分别按照有关住宅建筑和公共建筑的规定执行；该建筑的其他防火设计应根据建筑的总高度和建筑规模按现行国家标准《建筑设计防火规范》GB 50016 有关公共建筑的规定执行[②]。

【注解1】住宅建筑与其他使用功能的建筑合建且满足本条设置要求时，当住宅部分建筑高度不超过 100m 时，其封闭楼梯间、防烟楼梯间、前室防烟系统可采用自然通风的方式。

---

① 《消防词汇 第 2 部分：火灾预防》GB/T 5907.2—2015 第 2.5.31 条。
② 《建筑设计防火规范》GB 50016—2014（2018 年版）第 5.4.10 条第 3 款。

【注解2】在判断高层建筑的裙房或附楼的建筑高度时，应按以下原则判定[①]：与高层建筑主体之间未采用防火墙和甲级防火门或特级防火卷帘进行分隔的裙房或附楼，其防烟系统的设置应符合相应高层建筑的要求；与高层建筑主体之间采用防火墙和甲级防火门或特级防火卷帘进行分隔的裙房或附楼，其防烟系统的设置按照裙房或附楼的实际建筑高度确定，如不满足前述条件，则裙房和附楼建筑高度按主楼建筑高度判定，如图1.2.7所示。

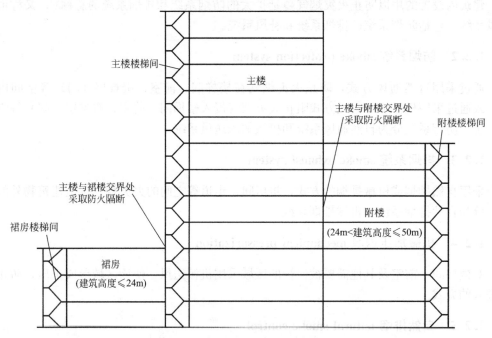

图 1.2.7　裙房和附楼建筑高度示意图

1.2.8　服务高度 service height

防烟或排烟系统服务对象的高度，指从服务对象的最下层地面至最上层顶板的高度，不含出屋面楼梯间的高度，不包括系统服务楼层以外空间的风管高度。

【注解】如对于加压送风楼梯间和排烟是指该系统服务的最下一层的地面到最上一层的顶板；对于前室是指最下一层前室的底板到最上一层前室的顶板；对于排烟区域是最下一层的地面到最上一层的顶板。图1.2.8（a）所示为建筑高度为98.5m的住宅建筑，地下8.8m，地上楼梯间与地下楼梯间一般分别设系统，故负担地上楼梯间一～三十二层的机械加压送风系统服务高度为98.5m，根据本措施第2.3.8条，不用分段；而负担地下二层前室到三十二层前室的机械加压送风系统服务高度为107.3m，根据本措施第2.3.8条，则需要分段设计。图1.2.8（b）所示为建筑高度为49.5m的公共建筑，地下8.8m，对于地上一～二十一层的办公，机械排烟系统服务高度为49.5m，根据本措施第3.4.1条，不用分段；对于地下二层至二十一层的走道，机械排烟系统负担地上地下排烟服务高度58.3m，根据本措施第3.4.1条，则需要分段排烟。

---

① 《建筑设计防火规范》GB 50016—2014（2018年版）第5.3.1条注2。

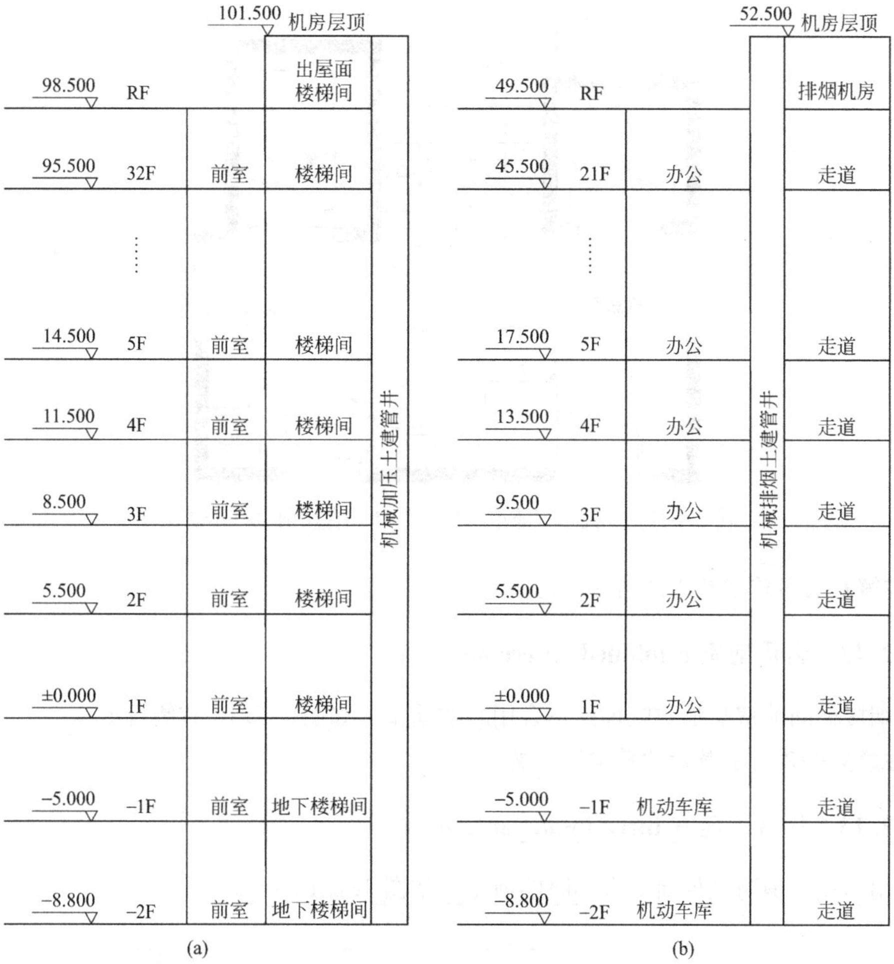

图 (a)

101.500 机房层顶

98.500 RF — 出屋面楼梯间

95.500 32F — 前室 — 楼梯间

14.500 5F — 前室 — 楼梯间

11.500 4F — 前室 — 楼梯间

8.500 3F — 前室 — 楼梯间

5.500 2F — 前室 — 楼梯间

±0.000 1F — 前室 — 楼梯间

−5.000 −1F — 前室 — 地下楼梯间

−8.800 −2F — 前室 — 地下楼梯间

机械加压土建管井

(a)

图 (b)

52.500 机房层顶

49.500 RF — 排烟机房

45.500 21F — 办公 — 走道

17.500 5F — 办公 — 走道

13.500 4F — 办公 — 走道

9.500 3F — 办公 — 走道

5.500 2F — 办公 — 走道

±0.000 1F — 办公 — 走道

−5.000 −1F — 机动车库 — 走道

−8.800 −2F — 机动车库 — 走道

机械排烟土建管井

(b)

图 1.2.8 建筑高度与服务高度示意图

(a) 建筑高度为 98.5m 的住宅建筑；(b) 建筑高度为 49.5m 的公共建筑

1.2.9 避难走道 exit passageway

避难走道是指采取防烟措施且两侧设置耐火极限不低于 3.00h 的防火隔墙，用于人员安全通行至室外的走道。

1.2.10 独立前室 independent anteroom

只与一部疏散楼梯相连的前室。

【注解】独立前室属于"前室"范畴。楼梯间前室与普通电梯厅合用、前室与两部疏散楼梯间相连时不属于独立前室范畴，图 1.2.10 所示左侧的"前室（兼电梯间）"非独立前室。

1.2.11 共用前室 shared anteroom

（住宅建筑）剪刀楼梯间的两个楼梯间共用同一前室时的前室。

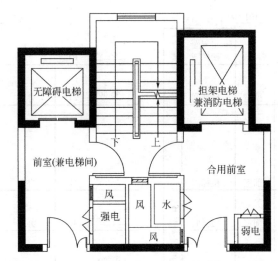

图 1.2.10 "前室（兼电梯间）"和"合用前室"示意图

【注解】共用前室属于"前室"范畴。

1.2.12 合用前室 combined anteroom

防烟楼梯间前室与消防电梯前室合用时的前室，如图 1.2.10 右侧所示。

【注解】合用前室属于"前室"范畴。

1.2.13 三合一前室 three-in-one anteroom

共用前室和消防电梯前室合用时的前室，如图 1.2.13 所示。

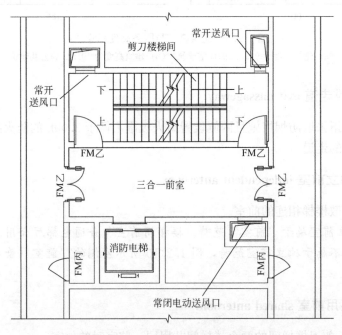

图 1.2.13 "三合一前室"示意图

【注解】三合一前室属于"前室"范畴。

1.2.14 扩大前室 enlarged anteroom

建筑首层由直通室外的门厅（含火灾危险性低的门厅）、走道形成的扩大封闭楼梯间、防烟楼梯间扩大前室（含合用前室、共用前室及三合一前室）。

【注解】扩大前室属于"前室"范畴。

1.2.15 可开启外窗（口）openable exterior window

可以手动或电动开启的直接开向室外的窗、门或开口，可开启外窗的形式有上悬窗、中悬窗、下悬窗、平推窗、平开窗和推拉窗等。不可开启的固定扇和固定框架不作为可开启外窗（口）。

【注解1】作为楼梯间，其外门可以认为是该楼梯间的开口。

【注解2】可开启外窗面积是指可以开启的整个窗扇面积，与开启方向、开启方式无关，如各悬窗可开启扇的面积；推拉窗如果两扇皆可推拉，则计算两扇窗的总面积 [图1.2.15（a）所示为4m^2]，注意与"可开启外窗（口）有效面积 [图1.2.15（b）所示为2m^2]"进行区分。

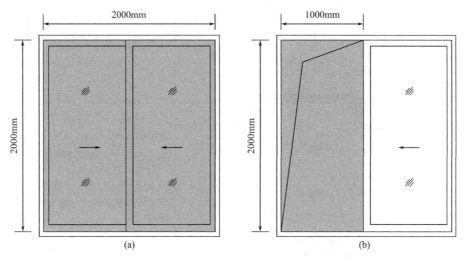

图1.2.15 推拉窗"可开启面积"和"可开启有效面积"示意图
（a）推拉窗可开启面积示意；（b）推拉窗可开启有效面积示意

1.2.16 可开启外窗（口）有效面积 the effective open area of an exterior window

可开启外窗或自然排烟窗（口）开启的有效面积是应用在排烟系统的自然排烟系统中，其可开启外窗有效面积设置可开启扇的有效排烟面积，和外窗的开窗形式和开启角度有关且应设置在储烟仓内。具体计算方法及图示如表1.2.16所示。

1 当采用开窗角大于70°的悬窗时，其面积应按窗的面积计算；当开窗角小于等于70°时，其面积应按窗最大开启时的水平投影面积计算；

2 当采用开窗角大于70°的平开窗时，其面积应按窗的面积计算；当开窗角小于等于

70°时，其面积应按窗最大开启时的竖向投影面积计算；

　　3　当采用推拉窗时，其面积应按开启的最大窗口面积计算，如图 1.2.15（b）所示；

　　4　当采用百叶窗时，其面积应按窗的有效开口面积计算；

　　5　当平推窗设置在顶部时，其面积可按窗的 1/2 周长与平推距离乘积计算，且不应大于窗面积；

　　6　当平推窗设置在外墙时，其面积可按窗的 1/4 周长与平推距离乘积计算，且不应大于窗面积。

可开启外窗有效排烟面积具体计算方法及图示表　　表 1.2.16

开窗形式	可开启外窗图示	有效排烟面积计算	备注
侧拉窗		实际拉开后的开启面积	
平开窗	室外　窗扇　α>70°　屋面　室内　$F_{排烟有效}=F_窗$　安装在屋顶的α>70°的平开窗剖面示意图		
	室外　窗扇　α<70°　屋面　室内　$F_{排烟有效}=F_窗×\sin \alpha$	$F_{排烟有效}=F_窗 \cdot \sin \alpha$　式中，$F_{排烟有效}$——有效排烟窗面积（m²）；$F_窗$——窗的面积（m²）；α——窗的开启角度。　当窗的开启角度大于 70°时，可认为已经基本平直，排烟有效面积可认为与窗面积相等	
	室外　窗扇　α>70°　外墙　室内　$F_{排烟有效}=F_窗$　安装在外墙上的α>70°的平开窗剖面示意图		
	室外　窗扇　α<70°　外墙　室内　$F_{排烟有效}=F_窗×\sin \alpha$　安装在外墙上的α<70°的平开窗剖面示意图		

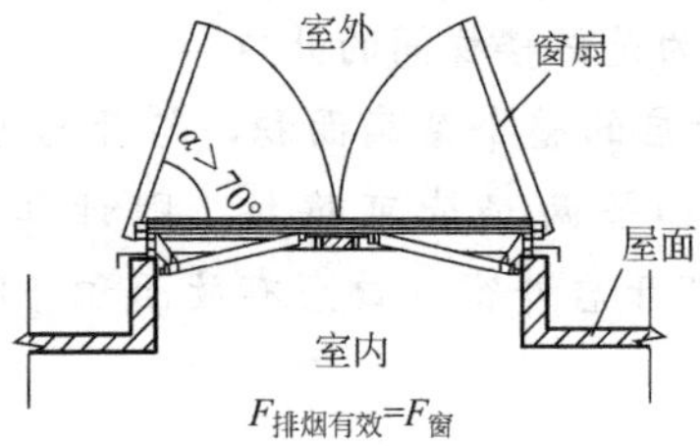

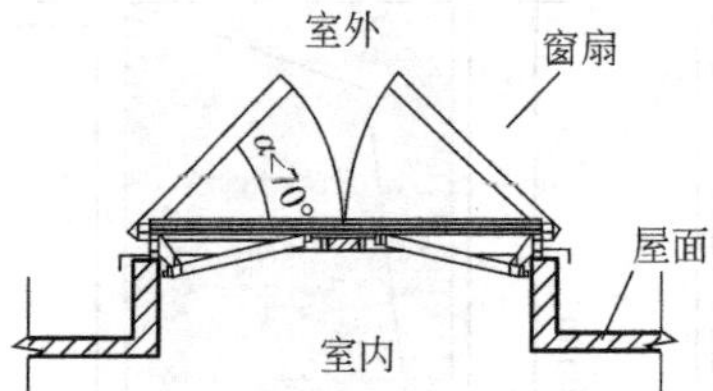

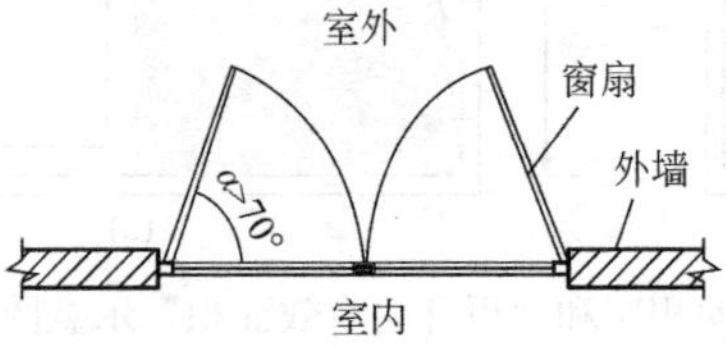

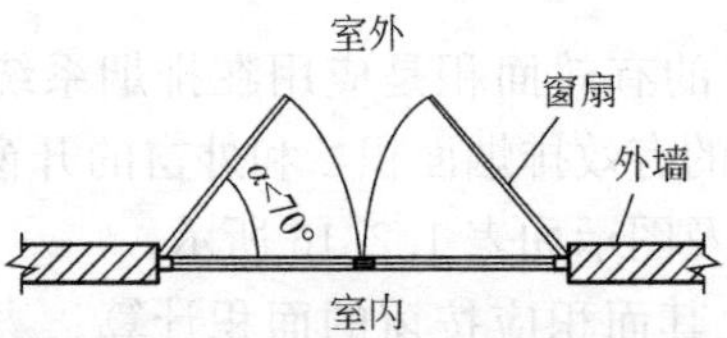

续表

开窗形式	可开启外窗图示	有效排烟面积计算	备注
上悬窗	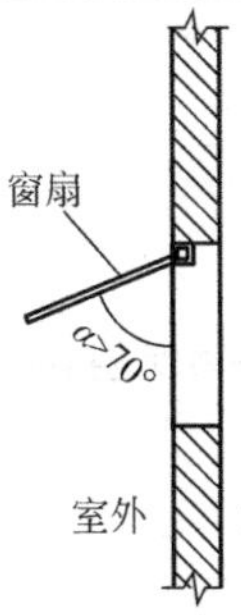窗扇 α>70° 室外 室内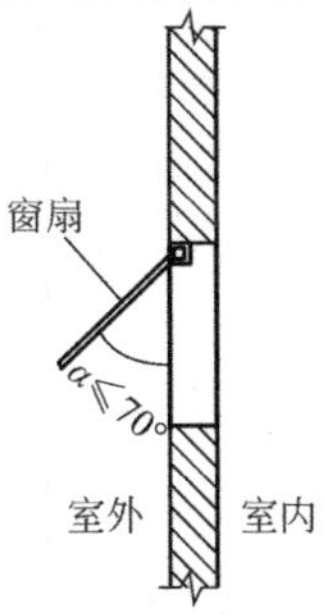窗扇 α≤70° 室外 室内 $F_{排烟有效}=F_{窗}$　$F_{排烟有效}=F_{窗}\times\sin\alpha$ α>70°的上悬窗剖面图　α≤70°的上悬窗剖面图	$F_{排烟有效}=F_{窗}\cdot\sin\alpha$ 式中，$F_{排烟有效}$——有效排烟窗面积（m^2）；$F_{窗}$——窗的面积（m^2）；α——窗的开启角度。 当窗的开启角度大于70°时，可认为已经基本平直，排烟有效面积可认为与窗面积相等	按水平投影面积计算
中悬窗	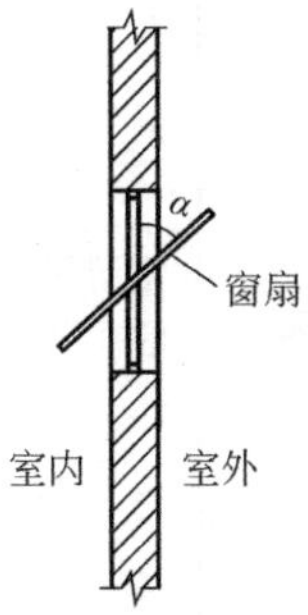α 窗扇 室内 室外 $F_{排烟有效}=F_{窗}\times\sin\alpha$ 外开中悬窗剖面图		按水平投影面积计算
下悬窗	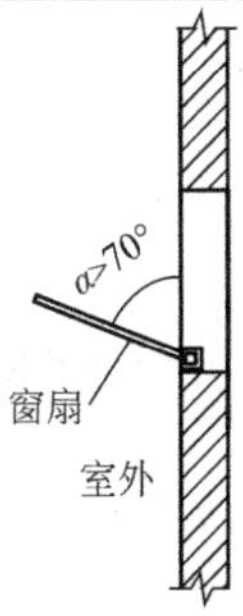α>70° 窗扇 室外 室内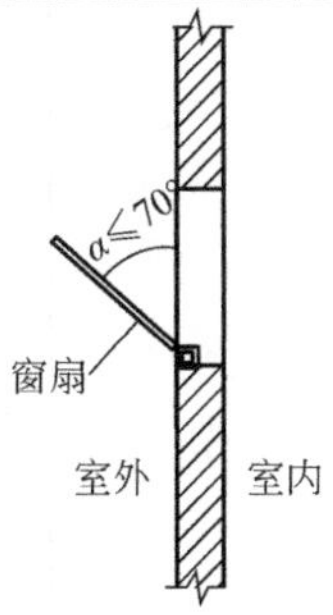α≤70° 窗扇 室外 室内 $F_{排烟有效}=F_{窗}$　$F_{排烟有效}=F_{窗}\times\sin\alpha$ α>70°的下悬窗剖面图　α≤70°的下悬窗剖面图		按水平投影面积计算
推拉窗	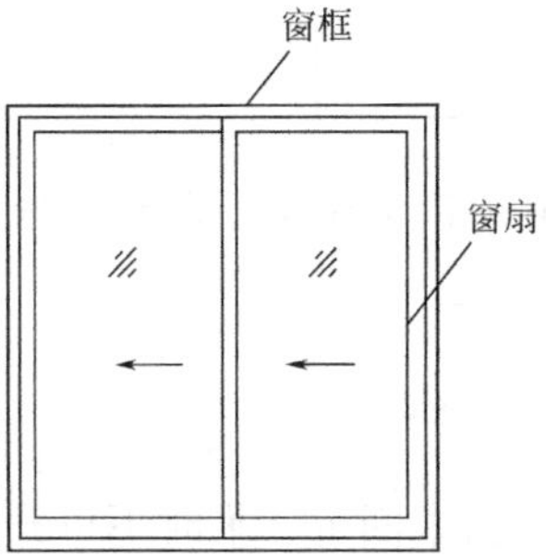窗框 窗扇 $F_{排烟有效}$=开启的最大窗口面积 推拉窗立面示意图		如图1.2.15(b)所示

续表

开窗形式	可开启外窗图示	有效排烟面积计算	备注
百叶窗	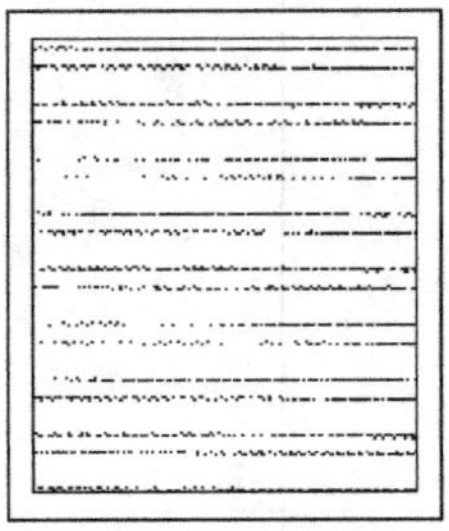 $F_{排烟有效}=F_窗×$有效面积系数 百叶窗立面示意图	窗的净面积乘以遮挡系数	当采用防雨百叶窗时,遮挡系数取0.6,当采用一般百叶时,遮挡系数取0.8
平推窗	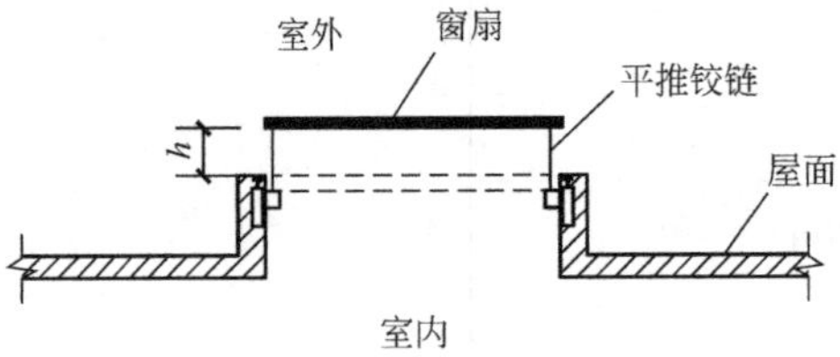 室外 窗扇 平推铰链 屋面 室内 $F_{排烟有效}=0.50×F_{窗周长}×h≤F_{窗面积}$ 设置在顶部的平推窗剖面示意图	窗洞周长的一半与平推距离的乘积	最大面积不超过窗洞面积
	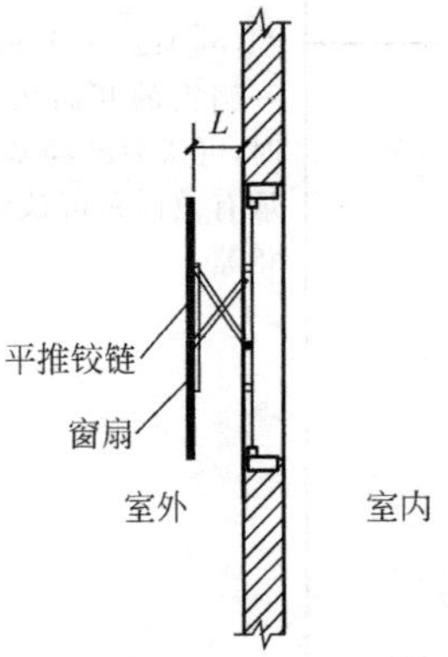 平推铰链 窗扇 室外 室内 $F_{排烟有效}=0.25×F_{窗周长}×L≤F_{窗面积}$ 设置在外墙上的平推窗剖面示意图	窗洞周长的1/4与平推距离的乘积	

【注解】可开启外窗有效面积由建筑专业计算并标注。窗户护栏及其他设施或构筑物不应影响可开启扇的开启。

1.2.17　固定窗 fixed window

设置在设有机械防烟排烟系统的场所中,窗扇固定、平时不可开启,仅在火灾时便于人工破拆以排出火场中的烟和热的外窗,面积为可破拆部分的有效净面积。

【注解1】固定窗由建筑专业设计。固定窗必须是外窗,用于应急时排烟排热,消防救援窗不能代替固定窗。

【注解2】玻璃幕墙作为固定窗时，其材质须满足可破拆要求并应具有明显标识，固定窗面积为去掉窗框的可破拆部分的净面积。

【注解3】设置有耐火极限要求的封闭吊顶时，不可以在屋顶或吊顶内的外墙设置固定窗。

【注解4】当楼梯间或内区房间所处位置不靠外墙也不上屋面时，应采取有效措施形成楼梯间或房间与室外之间的净面积不小于 $1.0m^2$ 的封闭排热通道（土建夹层、土建风道、耐火极限不小于 1.5h 的风管）以实现上述目的。如图 1.2.17 所示，该封闭排烟通道内严禁设置其他管线。土建夹层和土建风道的构造、耐火极限等性能应同该楼梯间的标准，并由相关的建筑、结构专业图纸表达。

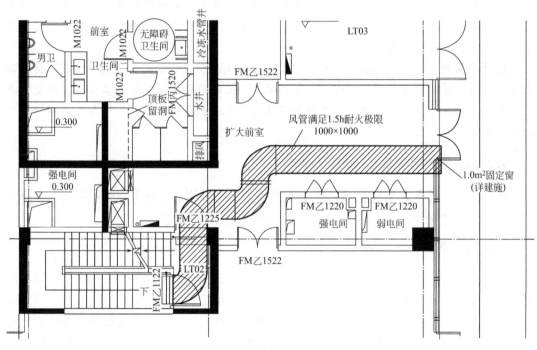

图 1.2.17　封闭排热通道（耐火极限不小于 1.5h 的风管）示意图

【特例1】河南地区采用土建夹层和土建风道时，其净断面积应根据具体情况适当扩大且不得小于 $1.2m^2$。

【特例2】另设固定窗存在困难，机械排烟场所设有可开启外窗时，可开启外窗的面积可计入"固定窗"面积。但山东[1]地区和南京[2]地区采用机械排烟的中庭，平时通风用的可开启外窗应设置在顶部或屋顶，且可开启外窗应具备火灾消防联动关闭的功能。

1.2.18　消防救援窗 fire rescue window

专供消防队员进入进行救援的窗口。其净高度和净宽度均不应小于 1.0m，下沿距室

---

① 《山东省建筑工程消防设计部分非强制性条文适用指引》第 3.0.9 条。
② 南京市《〈建筑防烟排烟系统技术标准〉技术研讨会信息》第二条第 2 款。

内地面不宜大于 1.2m，间距不宜大于 20m 且每个防火分区不应少于 2 个，设置位置应与消防登高操作场地相对应。窗口的玻璃应易于破碎，并应设置可在室外易于识别的明显标志，消防救援窗的面积为去掉窗框后的玻璃面积。

1.2.19 中庭 atrium

贯通 3 层或 3 层以上、对边最小净距离不小于 6m，且贯通空间的最小投影面积大于 100m² 的室内空间，且二层或二层以上周边设有与其连通的使用场所或回廊①。中庭内不应布置可燃物②。

【注解 1】 为了区别中庭与高大空间之间的差异，本条强调中庭的二层或二层以上部分的周边一定是有连通的使用场所或回廊。如果周边使用场所采用固定的防火分隔与贯通空间分隔，那么这个贯通空间就成为一个高大空间；如果周边使用场所采用活动防火卷帘与贯通空间分隔，平时使用时仍然是连通的，那么这个贯通空间也称为中庭，火灾时防火卷帘全部关闭，成为高大空间。

【注解 2】 有可燃物或具体功能的，一律按照高大空间设计排烟。除此之外，中庭和高大空间的区别主要以是否和上部有连通来判断，如果是两层空间，但是二层与其他空间有互通或共享的（不论二层及以上是否设置防火卷帘），可按中庭计算且与高大空间计算后比较取大值。

1.2.20 高大空间 large-volume space

本措施中，将净高大于 6m 的单层空间或多层空间且周边场所采取固定的防火分隔与贯通空间进行分隔的，需要进行排烟设计的空间定义为高大空间。

1.2.21 净高 clear height

室内净高指按楼地面完成面至吊顶、楼板或梁底面之间的垂直距离；当楼盖、屋盖的下悬构件或管道底面影响有效使用空间时，应按楼地面完成面至下悬构件下缘或管道底面之间的垂直距离计算③。地下室、局部夹层、走道等有人员正常活动的最低处净高不应小于 2.0m④。楼梯平台上部及下部过道处的净高不应小于 2.0m，梯段净高不宜小于 2.2m⑤。

【注解】 空间净高按以下方法确定：

1 对于平顶和锯齿形的顶棚，空间净高 H' 为从顶棚下沿到地面的距离，如图 1.2.21 (a) 所示；

2 对于斜坡式的顶棚，顶排烟口排烟时，空间净高 H' 为从排烟开口中心到地面的距离，如图 1.2.21 (b) 和图 1.2.21 (c) 所示；侧墙排烟口设在坡顶侧时，空间净高 H' 为从排烟开口中心到地面的距离，如图 1.2.21 (d) 所示；侧墙排烟口设在坡底侧时，空间

---

① 上海市《建筑防排烟系统设计标准》DGJ 08-88—2021 第 2.1.1 条。
② 《建筑设计防火规范》GB 50016—2014（2018 年版）第 5.3.2 条第 4 款。
③ 《民用建筑设计统一标准》GB 50352—2019 第 6.3.2 条。
④ 《民用建筑设计统一标准》GB 50352—2019 第 6.3.3 条。
⑤ 《民用建筑设计统一标准》GB 50352—2019 第 6.8.6 条。

净高 H' 为从顶棚下沿到地面的距离，如图 1.2.21（e）所示；

　　3　对于阶梯式地面的场所，计算清晰高度时，空间净高 H' 按最高地面标高距其对应区域的吊顶底部高度取值，如图 1.2.21（f）所示；计算排烟量时，空间净高 H' 按最低地面标高距其对应区域的吊顶底部高度取值如图 1.2.21（f）所示，即计算烟羽流质量时，按燃料位于最低地面进行设计。

　　4　对于有封闭吊顶的场所，其净高应从高处的吊顶处算起；设置格栅吊顶的场所，其净高应从上层楼板下边缘算起。

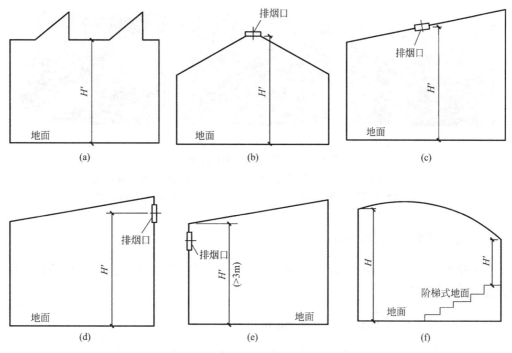

图 1.2.21　空间净高计算示意图

(a) 平顶和锯齿形顶棚；(b) 斜坡屋顶（顶排烟一）；(c) 斜坡屋顶（顶排烟二）；
(d) 斜坡屋顶（坡顶侧墙排烟）；(e) 斜坡屋顶（坡底侧墙排烟）；(f) 阶梯形地面场所

1.2.22　挡烟垂壁 draft curtain

用不燃材料制成，垂直安装在建筑顶棚、梁或吊顶下，能在火灾时形成一定的蓄烟空间的挡烟分隔设施。挡烟垂壁可分为固定式挡烟垂壁和活动式挡烟垂壁。

固定式挡烟垂壁是固定安装的、能满足设定挡烟高度的挡烟垂壁。固定式挡烟垂壁的主要材料有钢板（厚度不小于 0.8mm，熔点不低于 750℃）[见图 1.2.22（a）]、防火玻璃[见图 1.2.22（b）]、不燃无机复合板 [厚度不小于 10mm，见图 1.2.22（c）]、挡烟垂帘 [无机纤维织物，见图 1.2.22（d）] 等。活动式挡烟垂壁可从初始位置自动运行至挡烟工作位置，并满足设定挡烟高度的挡烟垂壁。挡烟垂壁按活动方式可分为卷帘式挡烟垂壁 [见图 1.2.22（e）] 和翻板式挡烟垂壁 [见图 1.2.22（f）]。

【注解】电动式挡烟垂壁在未选用产品前可以按每节 150W 提电量，每节长度要求见本措施第 5.1.9 条。

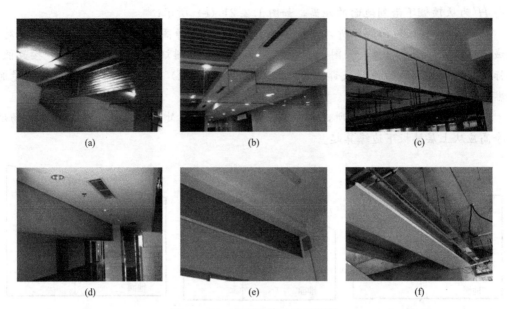

图 1.2.22　各类挡烟垂壁现场图

（a）钢板挡烟垂壁；（b）防火玻璃挡烟垂壁；（c）不燃无机复合板挡烟垂壁；

（d）无机纤维织物挡烟垂帘；（e）卷帘式挡烟垂壁；（f）翻板式挡烟垂壁

1.2.23　储烟仓 smoke reservoir

位于建筑空间顶部，由挡烟垂壁、梁或隔墙等形成的用于蓄积火灾烟气的空间。储烟仓高度即设计烟层厚度。

1.2.24　耐火极限 fire resistance rating

在标准耐火试验条件下，建筑构件、配件或结构从受到火的作用时起，至失去承载能力完整性或隔热性时止所用时间，用小时表示[①]。对于管道的耐火极限的判定必须按照现行国家标准《通风管道耐火试验方法》GB/T 17428 的测试方法，当耐火完整性和隔热性同时达到时，方能视作符合要求[②]，即隔热性对应完整性，如果试件的"完整性"已不符合要求，则将自动认为试件的"隔热性"不符合要求。

完整性 integrity：在标准耐火试验条件下，建筑构件当某一面受火时，在一定时间内阻止火焰和热气穿透或在背火面出现火焰的能力[③]。无裂开（缝隙探棒可以穿过并沿裂缝方向移动 150mm 的长度）、泄漏（背火面出现火焰并持续时间超过 10s）、失压（管道内不能保持 300Pa±15Pa 的压差）等结构型变化，保证风管有效工作。

隔热性 insulation：在标准耐火试验条件下，建筑构件当某一面受火时，在一定时间内背火面温度不超过规定极限值的能力[④]。表面单点温升不超过 180℃，平均温升不超过

---

① 《建筑设计防火规范》GB 50016—2014（2018 年版）第 2.1.10 条。

② 《通风管道耐火试验方法》GB/T 17428—2009 第 12 条。

③ 《建筑构件耐火试验方法 第 1 部分：通用要求》GB/T 9978.1—2008 第 3.6 条。

④ 《建筑构件耐火试验方法 第 1 部分：通用要求》GB/T 9978.1—2008 第 3.5 条。

140℃，防止引发人身伤害及引燃可燃物。

1.2.25　烟羽流 smoke plume

火灾时烟气卷吸周围空气所形成的混合烟气流。烟羽流按火焰及烟的流动情形，可分为轴对称型烟羽流、阳台溢出型烟羽流、窗口型烟羽流等，如表1.2.25所示。

各种烟羽流分类　　　　　　　　　　　　　　　　表1.2.25

分类	轴对称型烟羽流 axisymmetric plume	阳台溢出型烟羽流 balcony spill plume	窗口型烟羽流 window plume
定义	上升过程不与四周墙壁或障碍物接触，并且不受气流干扰的烟羽流	从着火房间的门（窗）梁处溢出，并沿着火房间外的阳台或水平突出物流动，至阳台或水平突出物的边缘向上溢出至相邻高大空间的烟羽流	从发生通风受限火灾或隔间的门、窗等开口处溢出至相邻高大空间的烟羽流
图示			

1.2.26　排烟阀 smoke damper

安装在机械排烟系统各支管端部（烟气吸入口）处，平时呈关闭状态并满足漏风量要求，火灾时可手动和电动启闭，起排烟作用的阀门。一般由阀体、叶片、执行机构等部件组成。

1.2.27　排烟防火阀 combination fire and smoke damper

安装在机械排烟系统的管道上，平时呈开启状态，火灾时当排烟管道内烟气温度达到280℃时关闭，并在一定时间内能满足漏烟量和耐火完整性要求，起隔烟阻火作用的阀门。一般由阀体、叶片、执行机构和感温器等部件组成。

【注解】消防相关阀门风口图例示意详见本措施附录1，相关阀门和风口应符合相关强制性准入制度。当地允许时，对于装设在侧墙的排烟口，如果同时具备排烟阀和排烟防火阀的功能，可以直接使用，装设在侧墙上的机械加压送风口和机械补风口同时具备防火阀功能时同理。如机械加压送风的前室，侧送风口直接采用带70℃熔断措施的常闭电动多叶送风口GP，可不再设置防火阀。如图1.2.13所示的三合一前室的机械加压送风口。以上风口和阀门厚度按320mm考虑。

1.2.28　可熔性采光带 fusible daylighting band

燃烧性能达到B1级要求。采用在火灾发生时温度达到（120～150℃）时，能自行熔化且不产生熔滴的材料制作，设置在建筑空间上部，用于排出火场中的烟和热的设施。

1.2.29   独立防烟分区 independent smoke control zone

上海市《建筑防排烟系统设计标准》DGJ 08-88—2021[①]中提出的概念，建筑内需要排烟的区域中，如果防烟分区采用房间分隔墙分隔，吊顶中分隔墙保持完整，烟气无法满溢到其他防烟分区时，可以按独立防烟分区考虑，如图1.2.29（a）中防烟分区1和防烟分区2。如果防烟分区是采用梁或者挡烟垂壁分隔，下部空间连通时，烟气满溢时会溢到相邻的防烟分区空间中，此时防烟分区为相邻防烟分区，如图1.2.29（b）中防烟分区3和防烟分区4，但如果排烟区域面积超过300m²，需采用公式计算排烟量时，仍可以作为独立防烟分区考虑，如图1.2.29（c）中防烟分区5和防烟分区6。

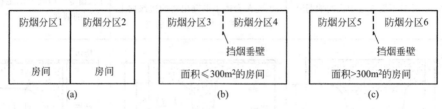

图1.2.29   独立防烟分区与相邻防烟分区示意图
（a）独立防烟分区；（b）相邻防烟分区；（c）独立防烟分区

【注解】以本措施第6.2.1节上海市《建筑防排烟系统设计标准》DGJ 08-88—2021计算示例13为例，防烟分区F101（办公3）和F110（办公4）为独立防烟分区；同样以挡烟垂壁分隔的办公1和办公2，办公2总面积为300m²，分成的两个防烟分区F102和F103为相邻防烟分区，但办公1总面积为400m²，分成的两个防烟分区F105和F106仍为独立防烟分区。

1.3   符号

符号	物理意义及单位	条文来源
$F_{排烟有效}$	有效排烟窗面积（m²）	
$F_{窗}$	窗的面积（m²）	1.2.16
α	窗的开启角度	
L_j	楼梯间的机械加压送风量（m³/s）	2.4.3
L_s	前室的机械加压送风量（m³/s）	
L_1	门开启时，达到规定风速值所需的送风量（m³/s）	2.4.3、2.4.4
L_2	门开启时，规定风速下，其他门缝漏风总量（m³/s）	2.4.3、2.4.5
L_3	未开启的常闭送风阀的漏风总量（m³/s）	2.4.3、2.4.6

---

①   上海市《建筑防排烟系统设计标准》DGJ 08-88—2021第5.2.3条第1款。

续表

符号	物理意义及单位	条文来源
A_k	一层内开启门的截面面积（m²）	2.4.4
v	门洞断面风速（m/s）	
N_1	设计疏散门开启的楼层数量	
A	每个疏散门的有效漏风面积（m²）	2.4.5
ΔP	计算漏风量的平均压力差（Pa）	
n	计算门漏风总量的指数	
A_f	单个送风阀门的面积（m²）	2.4.6
N_2	漏风阀门的数量	
P	疏散门的最大允许压力差（Pa）	2.4.11
F'	门的总推力（N）	
F_{dc}	门把手处克服闭门器所需的力（N）	
W_m	单扇门的宽度（m）	
A_m	门的面积（m²）	
d_m	门的把手到门闩的距离（m）	
M	闭门器的开启力矩（N·m）	
V	排烟量（m³/h）	3.5.15
M_p	烟羽流质量流量（kg/s）	
T	烟层的平均绝对温度（K）	
ρ_0	环境温度下的气体密度（kg/m³）	
T_0	环境的绝对温度（K）	
ΔT	烟层的平均温度与环境温度的差（K）	3.5.15、3.5.18
Z_1	火焰极限高度（m）	3.5.16
Q_C	热释放速率的对流部分	
Z	燃料面到烟层底部的高度（m）	
W	烟羽流扩散宽度（m）	
Z_b	从阳台下缘至烟层底部的高度（m）	
H_1	燃料面至阳台的高度（m）	
w	火源区域的开口宽度（m）	
b	从开口至阳台边沿的距离（m）	
A_W	窗口开口的面积（m²）	
H_W	窗口开口的高度（m）	
Z_W	窗口开口的顶部到烟层底部的高度（m）	
α_W	燃料面至阳台的高度（m）	
K	烟气中对流放热量因子	3.5.18
C_p	空气的定压比热[kJ/(kg·K)]	

符号	物理意义及单位	条文来源
H_q	最小清晰高度(m)	式3.5.19
H'	净高(m)	
V_{max}	排烟口最大允许排烟量(m^3/h)	3.5.20
γ	排烟位置系数	
d_b	排烟系统吸入口最低点之下烟气层厚度(m)	
D	矩形排烟口当量直径(m)	
$A、B$	矩形排烟口宽度和高度(m)	
S_{min}	多个机械排烟口边缘之间的最小距离(mm)	3.5.21
V_e	一个排烟口的排烟量(m^3/h)	
A_V	自然排烟窗(口)截面积(m^2)	3.5.22
A_0	所有进气口总面积(m^2)	
C_V	自然排烟窗(口)流量系数	
C_0	进气口流量系数	
g	重力加速度(m/s^2)	
$L_{low}、L_{mid}、L_{high}$	系统风管在相应工作压力下,单位面积风管单位时间内的允许漏风量$[m^3/(h \cdot m^2)]$	5.1.8
$P_{风管}$	指风管系统的工作压力(Pa)	

2 防烟设计

2.1 一般规定

2.1.1 建筑防烟系统的设计应根据建筑高度、服务高度、建筑构造、使用性质等因素，采用自然通风防烟方式或机械加压送风防烟方式。

2.1.2 建筑的下列场所或部位应设置防烟设施：

1 封闭楼梯间；

2 防烟楼梯间及其前室；

3 消防电梯间前室或合用前室；

4 避难走道及其前室、避难层（间）。

【注解1】 不包括建筑高度大于 54m 但不大于 100m 的住宅建筑每户设置的避难房间[①]。

【注解2】 不包括开敞楼梯间和非疏散楼梯间。

【特例1】 石家庄[②]地区和浙江[③]地区地上敞开楼梯间应按封闭楼梯间的要求设置可开启外窗（开口）。

【特例2】 江苏[④]地区当住宅地上部分的楼梯间采用自然通风，地下室为汽车库、非机动车库或机电设备用房，且地下室仅为一层时，楼梯间或前室可不设防烟设施。建筑高度大于 100m 的住宅建筑，避难层转换楼梯前室可不设防烟设施。

2.1.3 老年人照料设施内的非消防电梯应采取防烟措施[⑤]，可采取的防烟措施可为：在电梯前设置电梯厅，并采用耐火极限不低于 2.00h 的防火隔墙和甲级或乙级防火门与其他部位分隔，门可以采用火灾时能与火警等信号联动自动关闭的常开防火门；在电梯厅入口处设置挡烟风幕、挡烟垂壁；设置防烟前室等[⑥]。

2.1.4 高层病房楼应在二层及以上的病房楼层和洁净手术部设置避难间，避难间应

---

① 《建筑设计防火规范》GB 50016—2014（2018 年版）第 5.5.32 条。

② 《石家庄市消防设计审查疑难问题操作指南（2021 年版）》第 8.1.5 条。

③ 《浙江省消防技术规范难点问题操作技术指南（2020 版）》第 7.1.5 条。

④ 江苏省《住宅设计标准》DB 32/3920—2020 第 8.12.3～8.12.4 条。

⑤ 《建筑设计防火规范》GB 50016—2014（2018 年版）第 5.5.14 条。

⑥ 《〈建筑设计防火规范〉GB 50016—2014（2018 年版）实施指南》第 5.5.14 条。

设置直接对外的可开启窗口或独立的机械防烟设施①。

2.1.5　丙、丁、戊类物品库宜采用密闭防烟措施②，可采取火灾发生时关闭设于通道上（或房间）的门和管道上的阀门等措施。

2.1.6　首层疏散楼梯扩大前室的防烟系统宜独立设置，实施方式可根据建筑构造及设备布置条件等因素确定；有条件时，应优先采用自然通风防烟方式。当扩大前室无自然通风条件，外门或进入前室的疏散门数量较多，确保室内正压有困难时，可采用独立的机械排烟系统，以排除侵入前室的烟气。具体设计措施详见本措施第2.2.6条。

【注解1】扩大前室面积往往比标准层前室面积大，开向扩大前室的疏散门和通向室外的疏散门数量较多，按门洞风速要求的送风量会比标准层大得多。对于火灾时开启2层或3层的公共建筑的前室加压送风系统，如果首层扩大前室防烟系统不独立设置，送风时会严重影响其他楼层前室的送风风量，此时必须独立设置。当首层扩大前室仅作为人员疏散通道，不增加进入前室的疏散门时，可与楼层的前室加压送风系统合用。一般来说，自然通风防烟方法可靠性好，当具有可开启外窗的条件时，扩大前室应优先采用自然通风方式。首层扩大前室是不允许设置有可燃物的，当无自然通风条件，加压送风量能确保阻止相邻区域烟气进入扩大前室时，可采用加压送风方式。当确保室内正压有困难时，可采用独立的机械排烟系统，以排除侵入前室的烟气。

【注解2】首层疏散楼梯间的扩大前室采用自然通风防烟方式时，该防烟方式不受建筑高度的限制。

【注解3】首层疏散楼梯间的扩大前室采用机械加压送风防烟方式时，当机械加压送风风量与其余楼层相差不大时，可与其余楼层共用加压送风系统，当相差较大时应独立设置。

2.2　自然通风设施

2.2.1　建筑高度小于等于50m的公共建筑、工业建筑和建筑高度小于等于100m的住宅建筑，当独立前室或合用前室满足下列条件之一时，楼梯间可不设置防烟系统：

1　采用全敞开的阳台或凹廊。

【注解】镇江地区要求凹廊的宽进深比应大于1。

2　设有两个及以上不同朝向的可开启外窗，且独立前室两个外窗面积分别不小于2.0m²，合用前室两个外窗面积分别不小于3.0m²。

【注解】剪刀楼梯间的独立前室、合用前室（不含共用前室、三合一前室）满足本条规定时，剪刀楼梯间可不设防烟设施。

2.2.2　建筑高度小于等于50m的公共建筑、工业建筑和建筑高度小于等于100m的住宅建筑，其封闭楼梯间、防烟楼梯间、独立前室、共用前室、合用前室（不含三合一前室）及消防电梯前室，应优先采用自然通风系统。

【注解】剪刀楼梯间、独立前室、共用前室、合用前室（不含三合一前室）满足自然

---

① 《建筑设计防火规范》GB 50016—2014（2018年版）第5.5.24条第6款。
② 《人民防空工程设计防火规范》GB 50098—2009第6.1.3条。

通风条件，剪刀楼梯间可采用自然通风方式。

2.2.3　建筑高度小于等于 50m 的公共建筑、工业建筑和建筑高度小于等于 100m 的住宅建筑，当独立前室、共用前室及合用前室的机械加压送风口设置在前室的顶部或正对前室入口的墙面时，楼梯间（含剪刀楼梯间）可采用自然通风方式。

【注解 1】"设置在前室的顶部或正对前室入口的墙面"，具体要求见本措施第 2.3.13 条。

【注解 2】剪刀楼梯间的独立前室、共用前室、合用前室（含三合一前室）设有加压送风系统且加压送风口设置符合本条规定时，剪刀楼梯间可采用自然通风方式，否则应设加压送风系统。

【注解 3】剪刀楼梯间的三合一前室必须加压送风，其加压送风口满足本条要求时，剪刀楼梯间可采用自然通风方式。

2.2.4　地下、半地下建筑（室）的封闭楼梯间和防烟楼梯间，当最底层的地坪与室外出入口地面高差不大于 10m 且不大于 3 层时，可采用自然通风方式，且应符合下列要求：

【注解】当最底层的地坪与室外出入口地面高差大于 10m 或大于 3 层时，封闭楼梯间和防烟楼梯间及其前室、共用前室、合用前室应设置机械加压送风系统。

1　封闭楼梯间不与地上楼梯间共用且地下仅为 1 层时，首层应设置有效面积不小于 1.2m² 的可开启外窗或开口或直通室外的疏散门。

【注解 1】建筑物地下楼梯间与地上楼梯间是否共用应按下列原则判定：地下楼梯间和地上楼梯间如通过楼梯间筒体内防火门连通或存在共同经过区域，共用；地下楼梯间和地上楼梯间如在首层采用防火墙分隔，无连通门，且分别通向室外，则不共用，如图 2.2.4-1 所示。

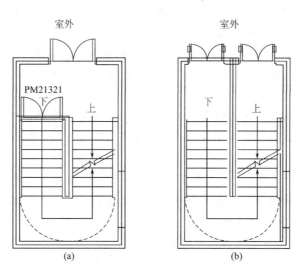

图 2.2.4-1　地下楼梯间与地上楼梯间是否共用示意图
(a) 地上地下楼梯间共用；(b) 地上地下楼梯间不共用

【注解 2】封闭楼梯间直通室外的门无论是普通门还是防火门，均可作为"直通室外的疏散门"。但广东①地区不应采用防火门，河南地区不应采用带自闭功能的疏散门。

---

① 广东省《〈建筑防烟排烟系统技术标准〉GB 51251—2017 问题释疑》第一条第 5 款。

2 其余封闭楼梯间和防烟楼梯间不超过 2 层时，应在首层设置直接开向室外的门或设有不小于 2.0m² 的可开启外窗（口），其中最高部位应有不小于 1.0m² 的可开启外窗（口）。

【注解 1】"最高部位"的要求：该楼梯间的顶层顶板或四周靠近顶板或最高处结构梁梁底的侧墙最高部位，设置于楼梯间顶层半平台上部处不属于"最高部位"，如图 2.2.4-2 所示：

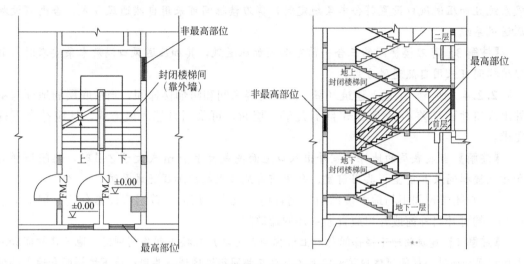

图 2.2.4-2 楼梯间"最高部位"示意

【注解 2】对于建造在有坡度场地上的建筑，室外地坪有不同的标高，此时楼梯间的室外出入口地面应指该楼梯间到达室外的地面。

【特例 1】河南地区最高部位的开窗，有效面积宜在楼梯间最高疏散平台 1.6m 以上。

【特例 2】上海①地区的楼梯间，其最上层的外窗或外门都可以认为是在该楼梯间的最高部位设置。

【特例 3】四川、重庆②地区对地下室的楼梯间，确有困难时，"最高部位"开窗或开口可设于本楼梯间的最高休息平台以上的外墙上部（见图 2.2.4-3），不得采用采光通风井的连通方式。

【特例 4】石家庄③、贵州④地区当住宅建筑地下楼梯间可开启外窗设置于最高位置有困难时，可设于该楼梯间最高休息平台外墙上部（见图 2.2.4-3），但应满足以下要求：

1 地下室没有人员活动场所，且地下楼梯间不与地上部分共用；

2 开启部分位于室外地坪以上并贴梁底布置。

贵州地区按此特例执行时，还应满足地下室使用功能仅为汽车库、设备用房或非机动车库。

---

① 上海市《建筑防排烟系统设计标准》DGJ 08-88—2021 第 3.2.2 条。
② 《川渝地区建筑防烟排烟技术指南（试行）》第十一条第 3 款。
③ 《石家庄市消防设计审查疑难问题操作指南（2021 年版）》第 8.1.7 条。
④ 《贵州省消防技术规范疑难问题技术指南（2022 年版）》第 3.1.4 条。

【特例5】云南①、浙江②地区当住宅建筑地下 1 层、地下 2 层楼梯间的可开启外窗设置于最高部位确有困难时，可贴梁设于该楼梯间最高休息平台外墙上部（见图 2.2.4-3），但应满足以下条件：

　　1　地下室使用功能仅为汽车库、设备用房或非机动车库；

　　2　地下楼梯间不与地上部分共用；

　　3　该可开启外窗应贴梁底布置。

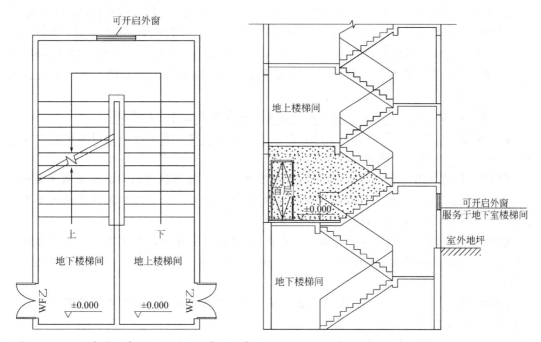

图 2.2.4-3　石家庄、贵州、四川、重庆、云南、浙江地区可开启外窗设于最高休息平台外墙上部示意

　　3　地下 3 层的封闭楼梯间和防烟楼梯间，应在每层均设有可开启外窗或开口（开向采光天井、下沉式广场、内庭院等），可开启外窗或开口的总面积不小于 $2.0m^2$，其中最高部位应有不小于 $1.0m^2$ 的可开启外窗或开口。

　　【注解】采光天井、下沉式广场、内庭院等截面积应大于 $2m^2$ 且天井四周无遮挡（无防雨百叶等）。

　　【特例1】湖南地区地下超过 1 层的楼梯间都需要符合每层能够自然采光通风的要求。

　　【特例2】上海③地区采用自然通风防烟方式的地下室疏散楼梯间或前室应贴邻下沉式广场或对边净距不小于 6m×6m 的无盖采光井设置。

　　【特例3】山东④地区建筑高度小于等于 10m 的地下 3 层防烟楼梯间不可采用自然通风，但当贴邻下沉式广场时可按地上防烟楼梯间考虑。

　　①　《云南省建设工程消防技术导则-建筑篇（试行）》第 6.1.4 条。
　　②　《浙江省消防技术规范难点问题操作技术指南（2020 版）》第 7.1.6 条。
　　③　上海市《建筑防排烟系统设计标准》DGJ 08-88—2021 第 3.2.6 条。
　　④　《山东省建筑工程消防设计部分非强制性条文适用指引》第 1.0.9 条。

【特例4】 石家庄①地区住宅建筑除了满足本条第1款和第2款时可以采用自然通风方式以外，地下3层及以上的防烟楼梯间及其前室、合用前室应设机械加压送风系统。公共活动场所地下、半地下建筑的封闭楼梯间和防烟楼梯间，除了满足本条第1款时可以采用自然通风方式以外，其余情况应采用机械加压送风系统。

【特例5】 济南、江苏、云南②、陕西地区地下3层封闭楼梯间和防烟楼梯间应采用机械加压送风系统。

2.2.5 建筑高度大于10m时的地上封闭楼梯间、防烟楼梯间，应在楼梯间的外墙上每5层设置总面积不小于2.0m²的可开启外窗或开口，且布置间隔应小于3层，并应保证在该楼梯间最高部位另设置面积不小于1.0m²的可开启外窗或开口。当地上封闭楼梯间、防烟楼梯间建筑高度不大于10m时，可仅在该楼梯间最高部位设置面积不小于1.0m²的可开启外窗或开口。

【注解1】 楼梯间底部应在3层之内布置至少一处可开启外窗或开口。

【注解2】 "最高部位"要求同本措施第2.2.4条第2款，直通屋面的门上部处于楼梯间最高部位时，可计入可开启外窗或开口面积。

【特例1】 建筑高度大于10m时的地上封闭楼梯间、防烟楼梯间，当总层数不超过5层时，5层设置总面积不小于2.0m²的可开启外窗或开口可包括最高部位设置的面积不小于1.0m²的可开启外窗或开口，即总共开窗面积为2m²。

【特例2】 福建、江西、江苏、四川、重庆③地区地上楼梯间，其中2.0m²的可开启外窗或开口包括最高部位设置的面积不小于1.0m²的可开启外窗或开口，即顶部5层总共开窗面积为2m²。

【特例3】 浙江④地区每5层内可开启外窗或开口的布置间隔，应满足不设置可开启外窗或开口的连续楼层数不多于2层的要求。

2.2.6 前室采用自然通风方式时，独立前室、消防电梯前室可开启外窗或开口的面积不应小于2.0m²，共用前室、合用前室不应小于3.0m²。对于首层疏散楼梯间扩大前室可按如下措施执行：

1 建筑面积小于等于100m²的首层扩大前室，可采用自然通风防烟方式，其可开启外窗或开口的面积不应小于3m²，且不应小于扩大前室地面面积的2%。当受条件限制设置可开启外窗或开口有困难时，可利用直通室外的门作为自然防烟面积。当自然通风不满足要求时，应设置机械加压送风系统，并按本措施第2.4.4条门洞风速法计算。

2 建筑面积小于等于50m²的首层扩大前室，可利用直通室外的门作为自然防烟设施，但开门面积不应小于3m²。如果直通室外的扩大前室内无通向走廊或房间的门，则可不设防烟措施。

3 地方许可时，建筑面积大于100m²的首层扩大前室，若采用自然通风防烟方法无法满足条件，且采用机械加压送风系统加压送风量过大时，可采用机械排烟的方法（按本措施第3.5节中的公式计算时，热释放速率取4.0MW）。

---

① 《石家庄市消防设计审查疑难问题操作指南（2021年版）》第8.1.6条。
② 《云南省建设工程消防技术导则-建筑篇（试行）》第6.1.4条。
③ 《川渝地区建筑防烟排烟技术指南（试行）》第十一条第4款。
④ 《浙江省消防技术规范难点问题操作技术指南（2020版）》第7.1.5条。

【注解1】"可开启外窗或开口的面积"定义详见本措施第1.2.15条，不同于"可开启外窗或开口的有效面积"，故《〈建筑防烟排烟系统技术标准〉图示》15K606第3.1.3条图示2a～2c[1]错误。

【注解2】人员密集场所内平时需要控制人员随意出入的疏散门和设置门禁系统的住宅、宿舍、公寓建筑的外门，应保证火灾时不需使用钥匙等任何工具即能从内部易于打开，并应在显著位置设置具有使用提示的标识[2]。故前室直接对外的疏散门面积可计入可开启外窗或开口的面积。

【注解3】地下部分的独立前室、消防电梯前室、合用前室、共用前室能采用露天窗井的办法自然通风，但每层窗井均宜独立设置，合用时，通风有效面积不小于各层前室要求开窗面积之和。

【特例1】上海[3]地区前室采用自然通风防烟方式时，可开启外窗或开口的有效面积不应小于可开启外窗面积的40%。首层疏散楼梯间的扩大前室采用自然通风防烟方式时，其可开启外窗的有效面积不应小于扩大前室地面面积的3%，且不应小于3m²。扩大前室通向室外的疏散门面积是作为自然补风使用，不应计入开窗面积中。

【特例2】石家庄[4]地区扩大前室采用自然通风防烟方式时，自然防烟可开启有效面积不应小于地面面积的3%，且不小于3m²。山东[5]地区当扩大前室净高大于6m时，自然通风开口面积应按本措施第3.5.6条计算。

【特例3】贵州[6]地区设有机械加压送风系统的防烟楼梯间前室、合用前室或扩大前室首层可采用自然通风，但楼梯间机械加压送风系统的计算风量应增加15%，独立前室可开启外窗或开口的面积不应小于2.0m²，共用前室、合用前室不应小于3.0m²，且不小于前室地面面积的3%。

【特例4】浙江[7]地区首层疏散楼梯间的扩大前室，当建筑面积大于等于100m²时，采用自然通风防烟方式时其可开启外窗或开口面积不应小于门厅地面面积的3%；当门厅建筑面积小于100m²时，可开启外窗或开口的面积不应小于2m²。对于住宅建筑的首层扩大前室，当其建筑面积小于等于50m²且受条件限制设置可开启外窗或开口确有困难时，开向室外的门可作为自然通风设施，但开门面积不应小于3m²。

【特例5】浙江[8]地区当封闭楼梯间、防烟楼梯间、前室（或合用前室、消防电梯前室等）采用可开启外窗或开口进行自然通风时，其可开启外窗尚应核算其开启的有效面积，且有效面积不应小于可开启外窗面积的1/3。楼梯间、前室（或合用前室、消防电梯前室等）的自然通风可开启外窗的设置高度及开启方向可由设计确定，但前室（或合用前室、消防电梯前室等）可开启外窗的上沿应贴其上部梁底或吊顶底设置，其中当外墙采用建筑幕墙系统时，应贴邻其上部层间防火封堵部位的幕墙板块设置。

---

① 《〈建筑防烟排烟系统技术标准〉图示》15K606第3.1.3条图示2a～2c。
② 《建筑设计防火规范》GB 50016—2014（2018年版）第6.4.11条第4款。
③ 上海市《建筑防排烟系统设计标准》DGJ 08-88—2021第3.2.2～3.2.3条。
④ 《石家庄市消防设计审查疑难问题操作指南（2021年版）》第8.1.9条。
⑤ 《山东省建筑工程消防设计部分非强制性条文适用指引》第2.0.1条。
⑥ 《贵州省消防技术规范疑难问题技术指南（2022年版）》第3.1.8条。
⑦ 《浙江省消防技术规范难点问题操作技术指南（2020版）》第7.1.9条。
⑧ 《浙江省消防技术规范难点问题操作技术指南（2020版）》第7.1.4条。

2.2.7 采用自然通风防烟方式的避难层（间）应设有不同朝向的可开启外窗，外窗应为耐火极限不低于乙级的防火窗，其有效面积不应小于该避难层（间）地面面积的2%，且每个朝向的有效开启面积不应小于2.0m²。

【注解】 计算地面面积时可去除不能容纳疏散人员的墙柱等的横截面积。

【特例1】 高层病房楼及养老建筑每层的避难间面积比较小，上海①地区可仅按开启窗有效面积不应小于房间面积的3%且不应小于2m²的要求执行。

【特例2】 建筑高度大于250m的民用建筑采用外窗自然通风防烟的避难区，其外窗应至少在两个朝向设置，总有效开口面积不应小于避难区地面面积的5%与避难区外墙面积的25%中的较大值②。

【特例3】 石家庄③、浙江④地区采用自然通风方式防烟的避难间，当其建筑面积小于等于100m²时，可设置一个朝向的可开启外窗，其有效面积不应小于该避难间地面面积的3%，且不应小于2.0m²。对于建筑面积小于等于30 m²的高层病房楼的避难间，其可开启外窗的有效面积不应小于1.0m²。

2.2.8 除地方特例以外，以上自然通风防烟可开启外窗或开口的要求如表2.2.8所示。

自然通风防烟开窗（开口）位置及面积要求查询表　　　　　　　　表2.2.8

部位		开窗(开口)位置及面积要求
地下、半地下1层(最底层的地坪与室外出入口地面高差不大于10m)	封闭楼梯间（不与地上楼梯间共用）	首层应设置有效面积不小于1.2m²的可开启外窗或开口或直通室外的疏散门
	封闭楼梯间（与地上楼梯间共用）	(1)首层设置直接开向室外的门或设有不小于2.0m²的可开启外窗或开口； (2)其中最高部位应有不小于1.0m²的可开启外窗或开口
	防烟楼梯间	
地下、半地下2层的封闭楼梯间、防烟楼梯间(最底层的地坪与室外出入口地面高差不大于10m)		
地下、半地下3层的封闭楼梯间、防烟楼梯间(最底层的地坪与室外出入口地面高差不大于10m)		(1)首层设置直接开向室外的门或设有不小于2.0m²的可开启外窗或开口； (2)其中最高部位应有不小于1.0m²的可开启外窗或开口； (3)每层能够自然采光通风(开向采光天井、下沉式广场、内庭院等)
地上封闭楼梯间、防烟楼梯间	建筑高度不大于10m	在该最高部位设置面积不小于1.0m²的可开启外窗或开口
	建筑高度大于10m	(1)每5层设置总面积不小于2.0m²的可开启外窗或开口，且布置间隔不大于3层； (2)在最高部位设置面积不小于1.0m²的可开启外窗或开口

---

① 上海市《建筑防排烟系统设计标准》DGJ 08-88—2021第3.2.4条。
② 《建筑高度大于250米民用建筑防火设计加强性技术要求（试行）》第二十条。
③ 《石家庄市消防设计审查疑难问题操作指南（2021年版）》第8.1.10条。
④ 《浙江省消防技术规范难点问题操作技术指南（2020版）》第7.1.10条。

续表

部位	开窗(开口)位置及面积要求
独立前室、消防电梯前室	不小于 2m²
共用前室、合用前室、扩大前室	不小于 3m²
避难层（间）	(1)有不同朝向的可开启外窗； (2)总有效面积不小于地面面积的 2%； (3)每个朝向的开启面积不应小于 2m²

2.2.9 可开启外窗应方便直接开启，设置在高处不便于直接开启的可开启外窗应在距地面高度为 1.3～1.5m 的位置设手动开启装置。当封闭楼梯间、防烟楼梯间及其前室、避难层（间）采用可开启外窗自然通风时，除规定外，开启形式及设置高度不做要求，但可开启外窗的室外侧不应设置影响楼梯间或前室自然通风的设备及平台。

【注解】 外窗手柄高度在 1.8m 以下即满足本条"方便直接开启"要求。设置在 1.3～1.5m 的手动开启装置包括电控开启、气控开启、机械装置开启等。

【特例】 四川、重庆[①]地区前室、避难层（间）的自然通风窗（口）宜设置在其净空高度的 1/2 以上。

2.3 机械加压送风设施

2.3.1 三合一前室应采用机械加压送风系统，不论建筑高度，不能采用自然通风方式，如图 1.2.13 所示。

【注解】《〈建筑防烟排烟系统技术标准〉图示》15K606 第 3.1.3 条图示 2c 错误[②]。

【特例】 当地许可时，当三合一前室利用全敞开的阳台或外廊时，可不设机械加压送风系统。但其配套的剪刀楼梯间应设置机械加压送风系统。

2.3.2 建筑地下部分的封闭楼梯间、防烟楼梯间及其前室、消防电梯前室及合用前室，当无自然通风条件或自然通风不符合要求时，应采用机械加压送风系统。当地下楼梯间及其前室超过 3 层或地下最底层的地坪与室外出入口地面高差大于 10m 时，应采用机械加压送风系统。

2.3.3 建筑高度小于等于 50m 的公共建筑、工业建筑和建筑高度小于等于 100m 的住宅建筑，应设置机械加压送风系统的部位：

1 封闭楼梯间、防烟楼梯间、独立前室、共用前室、合用前室及消防电梯前室，当不满足设置自然通风方式的条件时，应采用机械加压送风系统；

2 当独立前室、共用前室及合用前室的机械加压送风口未设置在前室的顶部或正对前室入口的墙面时，楼梯间应采用机械加压送风系统；

【注解】 一般住宅层高不高，当机械加压送风管井接出前室顶部的风管在梁下时，会较大地影响前室的净高或走道侧墙排烟口在梁下过低，无法满足储烟仓内排烟面积的情

---

① 《川渝地区建筑防烟排烟技术指南（试行）》第十一条第 1 款。
② 《〈建筑防烟排烟系统技术标准〉图示》15K606 第 3.1.3 条图示 2c。

况，此时可与结构专业配合采用相应位置梁上翻或者梁位置局部偏移的方法解决，如图 2.3.3-1 所示。

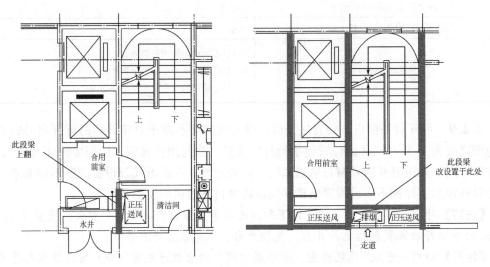

图 2.3.3-1　解决前室和走道梁底风管风口高度限制问题示意图

3　当防烟楼梯间在裙房高度以上部分采用自然通风系统时，不具备自然通风防烟条件的裙房的独立前室、合用前室及共用前室应采用机械加压送风系统，且独立前室、合用前室及共用前室送风口的设置方式应符合第 2.2.3 条的要求。

【注解】此时，该防烟楼梯间的裙房部分可不设置防烟系统。但当防烟楼梯间下部不满足自然排烟部分高度超过 24m，防烟楼梯间应采用机械加压送风方式。

4　当防烟楼梯间采用机械加压送风系统时，当采用独立前室且其仅有一个门与走道或房间相通时，可仅在楼梯间设置机械加压送风系统，如图 2.3.3-2 所示。

【注解 1】此条同样适用于地下楼梯间和独立前室。

【注解 2】当独立前室仅在首层有多个门，其余楼层均只有一个门与走道或房间连通时，仍适用于本条。

【注解 3】一个门的独立前室不送风的情况也属于机械送风防烟方式（间接加压）。

【特例】广播电影电视建筑中主塔楼高度大于 50m 的塔和高度大于 24m 的塔下建筑，防烟楼梯间及其前室、消防电梯间前室和合用前室，应采用机械加压送风方式的防烟系统[1]。

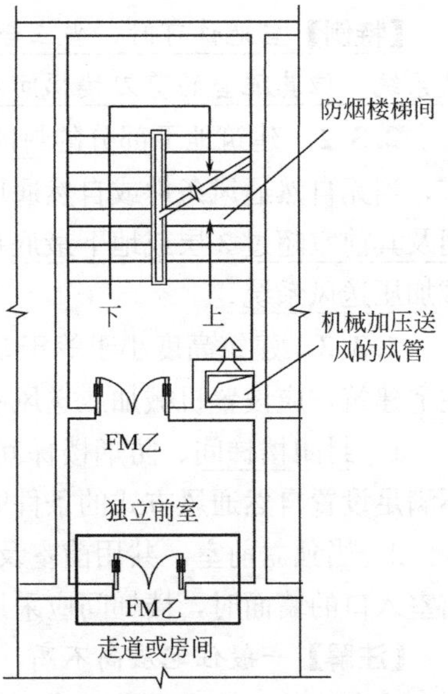

2.3.4　防烟楼梯间及其前室采用机械加压送风系统时，当采用合用前室时，楼梯间、合用前室应分别独立设置机械加压送系统；当采用剪刀楼梯间时，其

图 2.3.3-2　仅有一个门与走道或房间相通时前室可不设机械防烟系统示意图

_____

① 《广播电影电视建筑设计防火标准》GY 5067—2017 第 8.0.4 条。

两个楼梯间及其前室的机械加压送风系统应分别独立设置。

【注解】 建筑高度不超过50m的公共建筑和建筑高度不超过100m的住宅建筑，防烟楼梯间及其前室采用机械加压送风系统时，两个楼梯间分别设有一个门的独立前室，那么剪刀楼梯的两个楼梯间可以分别采用楼梯间加压送风、前室不送风的方式；这时的楼梯间送风，一个门的独立前室不送风的情况属于间接机械送风防烟方式。

2.3.5 建筑高度大于50m的公共建筑、工业建筑和建筑高度大于100m的住宅建筑，其封闭楼梯间、防烟楼梯间、独立前室、共用前室及消防电梯前室、合用前室应采用机械加压送风系统。

【注解1】 一类高层公共建筑和建筑高度大于32m的二类高层公共建筑以及建筑高度大于24m的老年人照料设施以及建筑高度大于33m的住宅建筑室内应采用防烟楼梯间，但高层仓库的疏散楼梯间应采用封闭楼梯间[①]。

【注解2】 当地下楼梯间位于本条主体建筑投影线之内时，应按本条执行。根据本措施第1.2.7条，当地下封闭楼梯间、防烟楼梯间位于本条建筑的主体投影线以外，并与主楼投影线范围内的地下室不在同一防火分区，可按照主体建筑投影线以外的裙楼、附楼的建筑高度执行，即位于裙楼、附楼（建筑高度小于等于50m的公共建筑、工业建筑和建筑高度小于等于100m的住宅建筑）的地下楼梯间，楼梯间采用独立前室、仅有一个门与走道或房间相通时，可采用仅对楼梯间设置机械加压送风系统的方式。

【特例1】 首层疏散楼梯间的扩大前室采用自然通风防烟方式时，该防烟方式不受建筑高度的限制，可不执行此条。

【特例2】 满足本措施第2.2.4条第1款的地下仅一层不共用封闭楼梯间不按本条规定执行，即可不设置其他自然通风设施或机械加压送风设施。

【特例3】 建筑内仅避难层设置而与其他楼层位置不对应的防烟楼梯间前室，当楼梯间前室为独立前室且其只有一个门与走道或房间相通时，可仅在楼梯间设置机械加压送风系统，但应增加楼梯间的送风量，通向楼梯间疏散门的门洞断面风速不应小于1.0m/s。

【特例4】 当地许可时，当前室或合用前室利用全敞开的阳台或外廊时，可不设机械加压送风系统。但其配套的防烟楼梯间应设置机械加压送风系统。

2.3.6 设置机械加压送风系统的楼梯间及其前室或避难层（间），应分别独立设置系统的为：

　　1　楼梯间与合用前室、三合一前室应分别独立设置机械加压送风系统；

　　2　两个剪刀楼梯间以及剪刀楼梯间与前室应分别独立设置机械加压送风系统；

　　3　当独立前室有多个门时，楼梯间、独立前室应分别独立设置机械加压送风系统；

　　4　为便于压差控制，当防烟楼梯间分别与两个独立前室相连时，楼梯间与两个独立前室应分别设置机械加压送风系统；当防烟楼梯间分别与合用前室和独立前室相连时，楼梯间与合用前室、独立前室应分别设置机械加压送风系统；

　　5　避难层（间）应设独立的机械加压送风系统；

　　6　避难走道应在其前室及避难走道分别设置机械加压送风系统；

[①]　《建筑设计防火规范》GB 50016—2014（2018年版）第3.8.7条、第5.5.12条、第5.5.13A条、第5.5.27条。

【注解】 同一避难走道的多个前室可合并设置加压送风系统，但加压送风主管应设于避难走道内。

【特例1】 避难走道<u>一处</u>设置安全出口，且总长度小于30m，可仅在前室设置机械加压送风系统。

【特例2】 避难走道两端设置安全出口，且总长度小于60m，可仅在前室设置机械加压送风系统。

7　地上防烟楼梯间被避难层分为上下两部楼梯间（高度之和小于100m），机械加压送风系统应独立设置；

8　水平方向不同的封闭楼梯间或防烟楼梯间，以及不同楼梯间的前室，应分别独立设置机械加压送风系统；

9　隧道的避难设施内应设置独立的机械加压送风系统①。

2.3.7　综合以上建筑各设置部位防烟方式的判定总结如表2.3.7所示。

建筑各设置部位防烟方式判定表　　　　　　　　　　　　　　表2.3.7

部位	地下、半地下		建筑高度≤50m的公共建筑、工业建筑和建筑高度≤100m的住宅建筑	建筑高度>50m的公共建筑、工业建筑和建筑高度>100m的住宅建筑
	最底层的地坪与室外出入口地面高差≤10m	最底层的地坪与室外出入口地面高差>10m		
封闭楼梯间	自然或机械	机械	自然或机械	机械
防烟楼梯间	无防烟措施或自然或机械	机械	无防烟措施或自然或机械	机械
独立前室	自然或机械或不送风		自然或机械或不送风	机械
消防电梯前室	自然或机械		自然或机械	机械
合用前室	自然或机械		自然或机械	机械
共用前室	自然或机械		自然或机械	机械
三合一前室	机械			
避难走道	机械或不送风			
避难走道前室	机械			
避难层(间)	自然或机械			

注："无防烟措施或自然通风或不送风"皆需满足其相应的前提条件。

2.3.8　机械加压送风系统服务高度<u>超过100m时</u>，应竖向分段独立设置，即每段服务高度不应超过100m。

【注解】 对于超高层建筑，其加压送风系统应按要求结合避难层分段设置，不应跨越避难层。通向避难层（间）的疏散楼梯应在避难层分隔、同层错位或上下层断开，故被避难层分开的上下两个防烟楼梯间各自独立②，应分别设置。

2.3.9　采用机械加压送风的场所不应设置百叶窗，且不宜设置可开启外窗。

【注解】 当机械加压送风场所设置可开启外窗时，应具备现场手动关闭功能，并应设

---

① 《建筑设计防火规范》GB 50016—2014（2018年版）第12.3.5条。
② 《建筑设计防火规范》GB 50016—2014（2018年版）第5.5.23条。

置"加压送风时关闭"的醒目标识。

【特例1】设置机械加压送风系统的避难层（间），尚应在外墙设置可开启外窗，其有效面积不应小于避难层（间）地面面积的1%，外窗应为耐火极限不低于乙级的防火窗。

【特例2】山东[①]地区采用机械加压送风的场所如有可开启外窗，则应要求火灾时联动关闭。

2.3.10 机械加压送风风机可采用轴流风机、混流风机或中、低压离心风机等，其设置应符合下列规定：

1 机械加压送风机应设置在专用机房内。

【注解1】楼梯间外墙直接设置边墙式送风机或者壁式轴流风机直接送风的做法不符合此条规定。

【注解2】在最优的布置条件下，正压送风机房布置最合理时最小净面积为7.5m²，如图2.3.10-1所示。一般方案阶段建议按一个系统的正压送风机房10m²进行提资。

【注解3】针对裙房的楼梯间，当楼梯间顶层层高不小于4.2m时，可在楼梯间顶部设夹层机房，高度约2m，剖面示意图如图2.3.10-2所示。

2 机械加压送风机宜设置在系统的下部或设置在屋顶层，且应采取保证各层送风量均匀性的措施。

【注解】机械加压送风机设置时，应满足相关要求（如与排烟口的间距等），避免受烟火影响，具体要求见本措施第4.4.1条、第4.4.2条。

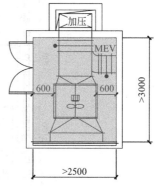

图2.3.10-1 正压送风机房
最佳布置示意图

【特例】河南、苏州[②]、镇江地区当机械加压送风机的进风口设置在系统下部确有困难时，应在设计说明中注明相应的设置原因及处理措施。

3 机械加压送风机机房内不得设有用于排烟和事故通风的风机与管道。

4 当加压送风风机独立布置确有困难时，可以与消防补风机或空调通风机合用机房，机房内应设有自动喷水灭火系统。

2.3.11 机械加压送风风机的进风口应直通室外。建筑高度大于250m的民用建筑避难层的机械加压送风系统的室外进风口应至少在两个方向上设置。

【注解】机械加压风机房设机房外墙设百叶时，不应从机房负压吸风，应采用风管直接将风机进风接室外百叶进风口。

2.3.12 机械加压送风口的设置应符合下列规定：

1 除直灌式加压送风方式外，楼梯间应每隔2~3层设一个常开式百叶送风口。

【注解1】自垂式百叶风口原理上类似于常开式百叶送风口，可用于防烟楼梯间。

【注解2】住宅楼层层高超过3.0m时应按3.0m折算层数，其他建筑层高超过4.5m时，应按两层计算。

2 前室应每层设一个常闭式加压送风口，并应设带有开启信号反馈的手动开启装置。

---

① 《山东省建筑工程消防设计部分非强制性条文适用指引》第1.0.10条。
② 《2021年苏州市建设工程施工图设计审查技术问题指导》"防烟"第2条。

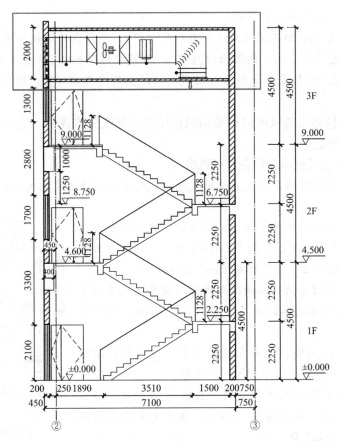

图 2.3.10-2　楼梯间顶部夹层机械加压送风机房剖面示意图

【特例】如果前室加压送风系统总共不超过 3 层时，也可以采用常开风口方法，但应调整好风量平衡且应在风口处设手动按钮，手动按钮应具备触发启动加压风机的功能，如图 3.7.1（a）所示。

3　送风口不应设置在被门挡住的部位，送风口底部距地不宜小于 500mm。

【注解】当送风口设置存在困难，设于被开启状态的门遮挡的位置时，风口可设于门的上部或距开启门之间的净距不应小于 300mm。

4　送风口的风速不应大于 7m/s。

【注解】送风口通风有效面积系数按 0.70～0.80 计算。

2.3.13　当独立前室、共用前室、合用前室、三合一前室采用机械加压送风、防烟楼梯间采用自然通风的防烟方式时，前室加压送风口的设置应满足以下要求：

1　当设置于前室顶部时，其具体布置可由设计确定，送风口的送风角度设计应使送风气流导向前室入口，且不应贴邻楼梯间疏散门布置，如图 2.3.13（a）所示；当前室有多个入口（除楼梯间门外）时，宜设在每个前室入口的顶部。

2　对于一梯多户或前室设有多个出入口（除楼梯间门外）的住宅建筑，当受条件限制在墙面设置多个正对前室入口墙面的送风口确有困难时，可在其中一个入口墙面设置正对的送风口，但该送风口不应正对或贴邻楼梯间疏散门，如图 2.3.13（b）、（c）所示，也不应被门遮挡，如图 2.3.13（d）所示。

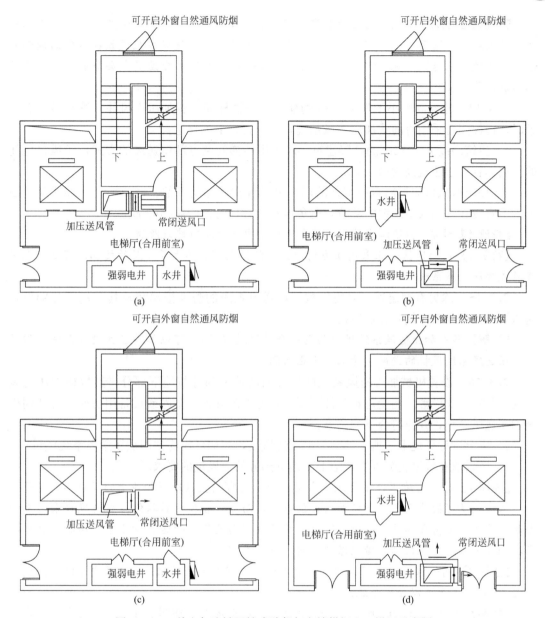

图 2.3.13 前室气流被阻挡或贴邻朝向楼梯间入口设置示意图

(a) 前室气流贴邻楼梯间疏散门（×）；(b) 前室气流正对楼梯间疏散门（×）；
(c) 前室气贴邻楼梯间疏散门（×）；(d) 前室气流被疏散门阻挡（×）

【特例1】上海①地区当独立前室、合用前室及共用前室的机械加压送风的气流只要不被阻挡且不朝向楼梯间入口或不贴邻楼梯间门时，楼梯间可采用自然通风系统；不能满足时，楼梯间应采用机械加压送风系统。

【特例2】福建地区加压送风口设于前室顶部时，需要设置在门正上方形成风幕，送风口尺寸需要比门的尺寸宽。

---

① 上海市《建筑防排烟系统设计标准》DGJ 08-88—2021 第 3.1.5 条第 2 款。

【特例3】长沙、江苏①地区对于前室有多个入口的情况，送风口需在一定范围内正对所有前室入口的墙面。如果前室入口在不同方向的墙上，则送风口应设置在前室的顶部或应采用机械加压送风系统。常州②、无锡、镇江地区，送风口应设置在每个前室入口的顶部形成风幕。

2.3.14 建筑高度小于等于 50m 的建筑，当楼梯间设置加压送风井（管）道确有困难时，楼梯间可采用直灌式加压送风系统，并应符合下列规定：

1 建筑高度大于 32m 的高层建筑，应采用楼梯间两点部位送风的方式，送风口之间的距离不宜小于建筑高度的 1/2；

2 加压送风口应远离直通室外的门，可设置在楼梯间顶部、楼梯平台下部或侧墙面上，不宜设在影响人员疏散的部位，避免设在门开启时被门遮挡的部位。

【特例1】甘肃③和镇江地区，直灌式送风主要针对既有建筑改造。

【特例2】河南地区，在采用压力均衡措施的情况下，不大于 4 层的楼梯间可直接采用直灌式加压送风系统。

2.3.15 除另有规定外，采用机械加压送风系统的防烟楼梯间及其前室应分别设置送风管道、送风口（阀）和送风机。

【注解】多个加压送风系统风机共用一个进风道（管），可以算作独立设置系统。但每个加压送风系统风机的进风支管上应设止回阀。

2.3.16 设置机械加压送风系统的楼梯间的地上部分与地下部分，其机械加压送风系统应分别独立设置。当受建筑条件限制，且地下部分为汽车库或设备用房时，可共用机械加压送风系统，并应符合下列要求：

1 应分别计算地上、地下部分的加压送风量，相加后作为共用加压送风系统风量；

2 应采取有效措施分别满足地上、地下部分的送风量的要求。

【注解1】地上与地下合用系统，当送风口采用常闭型且地下和地上的风口不同时开启时，系统风量可按地上或地下风量的大值确定，而不必叠加计算取值；当送风口采用常开型时，系统风量需叠加计算，地上及地下的风口需满足各自的送风量要求。同时，也可以采取调节风阀、超压控制等措施保证不同的送风量需求。

【注解2】同一位置的防烟楼梯间前室或合用前室，不执行此条。即只要系统总高度不超过 100m，上下可以合用系统。

【特例】上海④、云南⑤地区地下部分为非机动车库时，四川、重庆⑥地区地下室为自行车库或住宅建筑的地下室设有少量戊类储藏室时，长沙地区地下部分为非机动车库、储藏室、工具间等并非人员较多场所时，石家庄⑦地区住宅建筑当地下室没有人员活动场所且没有较多可燃物时，也可以与地上部分共用机械加压送风系统。

---

① 《江苏省建设工程消防设计审查验收常见技术难点问题解答》第 4.1.2 条。
② 常州市勘察设计协会《关于执行〈建筑防烟排烟系统技术标准〉设计审查技术措施的通知》第 6 条。
③ 《甘肃省建设工程消防设计技术审查要点（建筑工程）》第 2.3.2 条。
④ 上海市《建筑防排烟系统设计标准》DGJ 08-88—2021 第 3.1.3 条。
⑤ 《云南省建设工程消防技术导则-建筑篇（试行）》第 6.1.12 条。
⑥ 《川渝地区建筑防烟排烟技术指南（试行）》第十五条。
⑦ 《石家庄市消防设计审查疑难问题操作指南（2021 年版）》第 8.1.19 条。

2.4　机械加压送风计算

2.4.1　机械加压送风系统的设计风量不应小于计算风量的 1.2 倍。

【注解】风机的风量应按设计风量选取，风管和风口的选型等涉及计算的部分可按计算风量选取。

【特例】广东[①]地区支风管及风口风速根据计算风量设计，主风管按设计风量设计。

2.4.2　防烟楼梯间、独立前室、共用前室、合用前室和消防电梯前室的机械加压送风的计算风量应根据本措施第 2.4.3～第 2.4.6 条的规定计算确定，计算示例详见本措施第 6.1.1 条。当系统负担建筑高度大于 24m 时，防烟楼梯间、独立前室、共用前室、合用前室和消防电梯前室应按计算值与表 2.4.2-1 中的较大值确定。

加压送风的计算风量　　　　　　　　表 2.4.2-1

序号	工况	系统负担高度 h(m)	加压送风量(m³/h)
1	消防电梯前室加压送风	$24 < h \leqslant 50$	35400～36900
		$50 < h \leqslant 100$	37100～40200
2	独立前室、合用前室加压送风 （楼梯间自然通风）	$24 < h \leqslant 50$	42400～44700
		$50 < h \leqslant 100$	45000～48600
3	封闭楼梯间、防烟楼梯间加压送风 （前室不送风）	$24 < h \leqslant 50$	36100～39200
		$50 < h \leqslant 100$	39600～45800
4	防烟楼梯间加压送风 （防烟楼梯间及独立前室、合用前室分别加压送风）	$24 < h \leqslant 50$	25300～27500
		$50 < h \leqslant 100$	27800～32200
5	独立前室、合用前室加压送风 （防烟楼梯间及独立前室、合用前室分别加压送风）	$24 < h \leqslant 50$	24800～25800
		$50 < h \leqslant 100$	26000～28100

【注解 1】表中的风量按开启 1 个 2.0m×1.6m 的双扇门确定，当采用一个单扇门时，其风量可乘以系数 0.75，不符合时应重新计算（或按门的大小进行比例修正）；表中风量按开启着火层及其上下两层，共开启 3 层的风量计算；表中风量的选取应按建筑高度或层数、风道材料、防火门漏风量等因素综合确定。

【注解 2】住宅建筑的子母门（户门）可以按单扇主门考虑，但缝隙漏风量应按实际漏风量计算。

【注解 3】剪刀楼梯间的共用前室和三合一前室应按计算值确定机械加压送风量。

【注解 4】当各层门不一样时，其加压送风量可按以下两种方法计算并取大值：(1) 按连续 3 层门开启最大面积保持要求的门洞断面风速计算；(2) 按不同大小的门分别查表后根据门的面积比例进行加权平均求值。

【特例 1】上海[②]地区公共建筑中，当系统负担建筑高度大于 24m 时，加压送风量可按计算值与表 2.4.2-2 中的较大值确定。

---

①　广东省《〈建筑防烟排烟系统技术标准〉GB 51251—2017 问题释疑》第一条第 41 款。

②　上海市《建筑防排烟系统设计标准》DGJ 08-88—2021 第 5.1.1 条第 1 款。

上海地区公共建筑加压送风的计算风量　　　　　　　表 2.4.2-2

序号	工况	系统负担高度 h(m)	加压送风量(m³/h)
1	消防电梯前室加压送风	24<h≤50	35400～37100
		50<h≤100	37300～40200
2	独立前室、合用前室加压送风 （楼梯间自然通风）	24<h≤50	42400～44900
		50<h≤100	45200～48600
3	封闭楼梯间、防烟楼梯间加压送风 （前室不送风）	24<h≤50	36100～39600
		50<h≤100	40000～45800
4	防烟楼梯间加压送风 （防烟楼梯间及独立前室、合用前室分别加压送风）	24<h≤50	25300～27800
		50<h≤100	24800～26000
5	独立前室、合用前室加压送风 （防烟楼梯间及独立前室、合用前室分别加压送风）	24<h≤50	28100～32200
		50<h≤100	26100～28100

　　【特例2】 上海①地区住宅建筑中，当系统负担建筑高度大于24m时，加压送风量可按计算值与表 2.4.2-3 中的较大值确定。表中风量计算门开启达到规定风速值所需的机械加压送风量时，楼梯间高度在50m以下开启2层门计算，50m以上开启3层门计算；计算前室门开启达到规定风速值所需的机械加压送风量时，均按开启1层的风量计算。

上海地区住宅建筑加压送风的计算风量　　　　　　　表 2.4.2-3

序号	工况	系统负担高度 h(m)	加压送风量(m³/h)
1	消防电梯前室加压送风	24<h≤50	8100～9300
		50<h≤100	9400～11300
2	独立前室、合用前室加压送风 （楼梯间自然通风）	24<h≤50	9700～11100
		50<h≤100	11300～13600
3	封闭楼梯间、防烟楼梯间加压送风 （前室不送风）	24<h≤50	16800～20600
		50<h≤100	27800～34000
4	防烟楼梯间加压送风 （防烟楼梯间及独立前室、合用前室分别加压送风）	24<h≤50	13900～16700
		50<h≤100	23900～28200
5	独立前室、合用前室加压送风 （防烟楼梯间及独立前室、合用前室分别加压送风）	24<h≤50	5700～6500
		50<h≤100	6600～7900

　　2.4.3　楼梯间或前室的机械加压送风量应按下列公式计算：

$$L_j = L_1 + L_2 \qquad (2.4.3-1)$$

$$L_s = L_1 + L_3 \qquad (2.4.3-2)$$

式中：L_j——楼梯间的机械加压送风量（m³/s）；

　　　　L_s——前室的机械加压送风量（m³/s）；

　　　　L_1——门开启时，达到规定风速值所需的送风量（m³/s）；

---

① 上海市《建筑防排烟系统设计标准》DGJ 08-88—2021 第 5.1.1 条第 2 款。

L_2——门开启时，规定风速下，其他门缝漏风总量（m^3/s）；

L_3——未开启的常闭送风阀的漏风总量（m^3/s）。

2.4.4 门开启时，达到规定风速值所需的机械加压送风量应按下式计算：

$$L_1 = A_k v N_1 \tag{2.4.4}$$

式中：A_k——一层内开启门的截面面积（m^2）；

v——门洞断面风速（m/s）；

N_1——设计疏散门开启的楼层数量，按表 2.4.4 取值。

设计疏散门开启的楼层数量 N_1 取值　　　　　　　　表 2.4.4

空间区域	功能	楼层数	N_1 取值
楼梯间 （采用常开风口）	地上楼梯间	服务的高度 24m 以下时	2
		服务的高度 24m 及以上	3
	地下楼梯间 （经常有人停留或可燃物较多）	服务的地下楼层≥3层	3
		服务的地下楼层<3层	实际楼层数量
	地下楼梯间 （仅为汽车库、非机动车库和设备用房）	—	1
前室（采用常闭风口）		服务的楼层≥3层	3
		服务的楼层<3层	实际楼层数量

【**注解 1**】对于住宅建筑的疏散楼梯间前室、独立前室和合用前室，可按最大的一个门的面积取值；对于住宅建筑的疏散楼梯间的共用前室和三合一前室，可按最大的两个门的面积取值；消防电梯间前室等其他情形按实际门数量计算。楼梯间按实际门数量计算。

【**注解 2**】对于楼梯间来说，其开启门是指前室通向楼梯间的门；对于前室，是指走廊或房间通向前室的门。

【**注解 3**】关于门洞断面风速，应符合以下要求：

1　当防烟楼梯间和独立前室、合用前室均机械加压送风时，通向楼梯间和独立前室、合用前室疏散门的门洞断面风速均不应小于 0.7m/s；

2　当防烟楼梯间机械加压送风、只有一个开启门的独立前室不送风时，通向楼梯间疏散门的门洞断面风速不应小于 1.0m/s；

3　当防烟楼梯间采用机械加压送风、前室采用自然通风时，通向楼梯间疏散门的门洞断面风速不应小于 1.0m/s；

4　当消防电梯前室机械加压送风时，通向消防电梯前室门的门洞断面风速不应小于 1.0m/s；

5　当独立前室、合用前室或共用前室机械加压送风且楼梯间采用可开启外窗的自然通风系统时，通向独立前室、合用前室或共用前室疏散门的门洞风速不应小于 $0.6(A_1/A_g + 1)$（m/s），A_1 为该计算楼层相应的楼梯间疏散门的总面积（m^2），A_g 是单个计算楼层前室或合用前室、共用前室及三合一前室等疏散门的计算总面积（m^2），取值要求同 A_k。

6　当对扩大前室设置机械加压送风系统时，送风量按 $30m^3/(h \cdot m^2)$ 计算或按通向内部门洞风速计算取大值。通向扩大前室门的门洞断面风速不应小于 1.0m/s，门洞断面计算不计入直通室外的门。

【特例1】上海①地区首层扩大前室加压送风量应按前室疏散门的总断面积乘以门洞断面风速（0.6m/s）计算，但直接开向扩大前室的疏散门的总开启面积不应超过13m²。其中扩大前室的疏散门包括第一类由疏散楼梯间和首层走廊等空间直接开向扩大前室的疏散门以及第二类由首层扩大前室通向室外的疏散门。在计算第一类疏散门面积时，如果疏散楼梯间是采用机械加压送风方式，则该疏散楼梯间的门不计入面积；如疏散楼梯间是采用自然通风方式，则此门应计入。设置在扩大前室中的机房、卫生间、管道井等的门都不能作为疏散门。

【特例2】广东②、西安地区不符合自然排烟要求的扩大前室，应设置加压送风系统，送风量按30m³/(h·m²)计算或按通向内部门洞风速≥0.7m/s，取大值。

【注解4】各楼层开启门数量和大小不同时，应按最不利的相邻N_1个楼层进行取值计算。所谓最不利楼层是指疏散门最多或疏散门尺寸最大造成疏散门总断面面积最大的楼层，即取连续N_1层的最大送风量为系统的加压送风量。

【注解5】对于楼梯间来说，其开启门是指前室通向楼梯间的门；对于前室，是指走廊或房间通向前室的门。一层扩大前室直接对外的门可不计入开启门数量。住宅一个防烟楼梯间同一层设有两个前室，楼梯间送风量计算时，按两个门计算。

【特例3】武汉地区采用风速计算法计算楼梯间或前室的机械加压送风风量时，对于住宅楼梯前室按照一个门的面积确定A_k的值时，还要求户门采用乙级防火门且设置闭门器。

【特例4】上海③地区公共建筑前室开门数量同楼梯间，住宅建筑楼梯间高度在50m及以下，$N_1=2$；50m以上，$N_1=3$；前室，$N_1=1$。

【特例5】浙江④地区对于采用自然通风方式的住宅建筑剪刀楼梯间，其对应的共用前室或三合一前室进行加压送风量计算时，采用的门洞风速除应满足本条规定外，还不应小于1.8m/s。

2.4.5　门开启时，规定风速值下的其他门漏风总量应按下式计算：

$$L_2 = 0.827 \times A \times \Delta P^{\frac{1}{n}} \times 1.25 \times N_2 \qquad (2.4.5)$$

式中：A——每个疏散门的有效漏风面积（m²）；疏散门的门缝宽度取0.002~0.004m；

　　　ΔP——计算漏风量的平均压力差（Pa），按表2.4.5选用；

　　　n——指数（一般取$n=2$）；

　　1.25——不严密处附加系数；

　　　N_2——漏风疏散门的数量，楼梯间采用常开风口，N_2=加压楼梯间的总门数$-N_1$楼层数上的总门数。

计算漏风量的平均压力差取值　　　　　　　　　　　　　　　　表2.4.5

开启门洞处风速v（m/s）	计算漏风量的平均压力差ΔP(Pa)
0.7	6.0
1.0	12.0
1.2	17.0

---

①　上海市《建筑防排烟系统设计标准》DGJ 08-88—2021 第5.1.2条。
②　广东省《〈建筑防烟排烟系统技术标准〉GB 51251—2017 问题释疑》第一条第13款。
③　上海市《建筑防排烟系统设计标准》DGJ 08-88—2021 第5.1.6条。
④　《浙江省消防技术规范难点问题操作技术指南（2020版）》第7.1.17条。

2.4.6 未开启的常闭送风阀的漏风总量应按下式计算：

$$L_3 = 0.083 \times A_f N_3 \qquad\qquad (2.4.6)$$

式中：0.083——阀门单位面积的漏风量 $[m^3/(s \cdot m^2)]$；

A_f——单个送风阀门的面积（m^2）；

N_3——漏风阀门的数量，前室采用常闭风口取 N_3＝楼层数－3。

2.4.7 封闭避难层（间）、避难走道的机械加压送风量应按避难层（间）、避难走道的净面积每平方米不少于 $30m^3/h$ 计算。避难走道前室计算门开启达到规定风速值所需的机械加压送风量时，应按直接开向前室的疏散门的总断面积乘以门洞断面风速（1.0m/s）计算。

【注解】 当避难间合用竖向机械加压送风系统时，系统的计算送风量不应小于该系统所服务的全部避难间同时送风的风量。

【特例】 人防工程避难走道的前室机械加压送风量应按前室入口门洞风速（0.7～1.2m/s）计算确定。避难走道的前室宜设置条缝送风口，并应靠近前室入口门，且通向避难走道的前室两侧宽度均应大于门洞宽度 0.1m[①]。

2.4.8 直灌式加压送风系统送风量应按计算值或本措施第 2.4.2 条规定的送风量增加 20%。

【注解】 对于不大于 3 层的楼梯间，直接送风到楼梯间的加压送风系统不属于直灌方式，送风量应按常规机械加压送风系统计算。

2.4.9 设置加压送风系统的楼梯间、前室或合用前室、共用前室及三合一前室等，机械加压送风系统宜设有测压装置及风压调节措施，应复核其在闭门状态下的余压值是否满足本措施第 2.4.10 条要求，如超压则应设置泄压系统（装置），疏散门内外两侧最大允许压力差由本措施第 2.4.11 条确定。

【注解1】 当实际余压值超过疏散门内外两侧的最大允许压力差时，系统联动控制电动余压阀或加压送风机入口处的泄压旁通阀或电动调节阀等执行器泄压，如图 2.4.9 所示[②]，以确保疏散门能正常开启。

【注解2】 机械加压送风系统的风压调节措施是否设置不可一概而论，经分析计算确有必要的才设，通过设计手段调整设计压力值且复核其在闭门状态下的余压值满足要求时可不设。

【注解3】 室内压力探测点设置在楼梯间或前室处，室外压力探测点不应设于管道井、电梯井等。

【注解4】 当采用泄压旁通阀泄压时，旁通管的管径可按送风主风管管径的 1/5～1/3 设置。

2.4.10 机械加压送风系统余压应满足下列要求：

1 防烟楼梯间与疏散走道的余压值应为 40～50Pa；

2 前室或合用前室、共用前室及三合一前室与疏散走道之间的余压值应为 25～30Pa；

3 封闭楼梯间与疏散走道之间的余压值应为 25～30Pa，门开启时的门洞断面风速不应小于 1.0m/s。

---

① 《人民防空工程设计防火规范》GB 50098—2009 第 6.2.2 条。
② 《防排烟及暖通防火设计审查与安装》20K607 第 30 页。

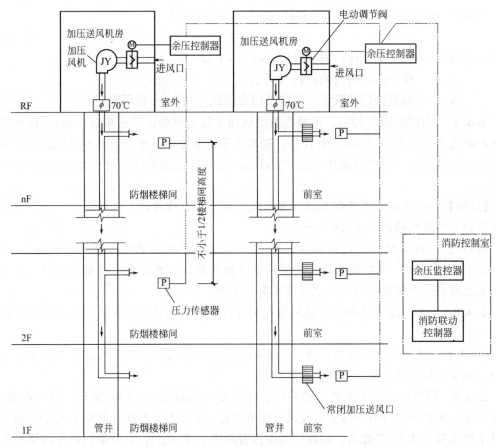

图 2.4.9　机械加压送风系统余压监测控制（入口电动调节阀）示意图

4　设置加压送风系统的避难间的余压值（在门关闭状态下）不小于 25Pa。

5　当避难走道及其前室分别设置加压送风时，避难走道与房间之间的压差应为 40～50Pa，前室与房间之间的压差为 25～30Pa。

【特例】隧道的避难设施内送风的余压值应为 30～50Pa[①]。

2.4.11　疏散门的最大允许压力差应按下列公式计算：

$$P = 2(F' - F_{dc})(W_m - d_m)/(W_m \times A_m) \qquad (2.4.11-1)$$

$$F_{dc} = M/(W_m - d_m) \qquad (2.4.11-2)$$

式中：P——疏散门的最大允许压力差（Pa）；

$\quad F'$——门的总推力（N），一般取 110N；

$\quad F_{dc}$——门把手处克服闭门器所需的力（N）；

$\quad W_m$——单扇门的宽度（m）；

$\quad A_m$——门的面积（m²）；

$\quad d_m$——门的把手到门闩的距离（m）；

$\quad M$——闭门器的开启力矩（N·m）。

---

① 《建筑设计防火规范》GB 50016—2014（2018 年版）第 12.3.5 条。

【**注解1**】疏散门开启所克服的最大压力差应大于前室或楼梯间的设计压力值。

【**注解2**】防火门闭门器选用规格见表2.4.11：

防火门闭门器规格 表2.4.11

规格代号	开启力矩(N·m)	关闭力矩(N·m)	适用门扇质量(kg)	适用门扇最大宽度(mm)
2	≤25	≥10	25~45	830
3	≤45	≥15	40~65	930
4	≤80	≥25	60~85	1030
5	≤100	≥35	80~120	1130
6	≤120	≥45	110~150	1330

2.4.12 当送风管道内壁为金属时，设计风速不应大于20m/s；当送风管道内壁为非金属时，设计风速不应大于15m/s。

【**注解**】对于住宅的核心筒来说，布置一般都比较局促，机械加压送风管井的大小对于核心筒的布置及优化影响很大。平均来说，考虑安装需要，风管边距墙（梁）四边平均各留100mm。一般需要两面及以上管井墙为后砌砖墙，如只有一面为后砌砖墙，那么需要在长边方向。提资的面积一般为扣除梁外的矩形土建管井净面积（含安装空间）。住宅建筑风井大小与以下影响因素有关：

（1）楼层数和楼的总高度；

（2）部位类型：楼梯间、独立前室、共用前室、合用前室、三合一前室；

（3）门的大小和数量。

实际管井大小需要进行计算，所需土建管井的净面积大小提资面积可参考表2.4.12。

机械加压送风土建管井净面积提资参考表 表2.4.12

机械加压部位		系统高度≤24m	24m<系统高度≤50m	50m<系统高度≤100m
消防电梯间前室		0.9m²	1.0m²	1.2m²
楼梯间自然通风，独立前室、合用前室加压送风		1.0m²	1.3m²	1.3m²
前室不送风，封闭楼梯间、防烟楼梯间加压送风		0.75m²	1.2m²	1.3m²
防烟楼梯间及独立前室、合用前室分别加压送风	楼梯间	0.55m²	0.9m²	1.0m²
	独立前室、合用前室	0.75m²	0.9m²	0.9m²

注：1. 以上为查表值，若实际计算大于查表值，则按计算值。
2. 表中数据计算基准为1个2.0m×1.6m的双扇门，门大小、数量不同时，需重新核算。
3. 土建管井短边尺寸一般不应小于500mm。铁皮风管与土建管井边缘距离按100mm。
4. 管井净面积为扣除梁后的面积。

2.5 防烟系统控制

2.5.1 加压送风机的启动应符合下列规定：

1 现场手动启动，如图3.7.1（a）所示；

    2   通过火灾自动报警系统自动启动；

    3   消防控制室手动启动，如图 3.7.1（b）所示；

    4   系统中任一常闭加压送风口开启时，加压风机应能自动启动；

    5   不得采用变频调速器控制[①]。

【注解】现场手动启动是指"机房内的现场"，不是火灾现场。一般是设置在机房内的风机控制箱上。如果控制箱不在就地，那么就地另设手动启动按钮。

    2.5.2   机械加压送风系统的常闭加压送风口（阀）应具备现场手动开启、消防控制室手动开启及火灾自动报警系统自动（联动）开启功能；当系统中任一常闭加压送风口（阀）开启后，应能通过报警系统的控制模块自动（联动）启动（或通过其他方式启动）加压送风机。

    2.5.3   当防火分区内火灾确认后，应能在 15s 内联动开启常闭加压送风口和加压送风机，并应符合下列规定：

    1   应开启该防火分区楼梯间的全部加压送风机和相应避难层的加压送风机。

    2   应开启该防火分区内着火层及其相邻上下层前室及合用前室的常闭送风口，同时开启加压送风机。

【特例】上海[②]地区公共建筑、工业建筑应开启该防火分区内着火层及其设计要求相邻层的前室或合用前室的常闭送风口（公共建筑建筑高度不高于 24m 时，为 2 层），同时开启加压送风机；住宅建筑应开启着火层前室或合用前室的常闭送风口，同时开启加压送风机。

    3   应开启该防火分区的避难间或避难走道及其前室的加压送风系统。

    4   应开启该防火分区疏散楼梯间对应的独立设置的首层扩大前室防烟系统设施（加压送风机及送风口）；当扩大前室采用机械排烟方式时，应根据烟感信号开启排烟系统设施（排烟风机及排烟口）。

    2.5.4   消防控制室设备应显示防烟系统的送风机、阀门等设施启闭状态。

    2.5.5   设常开加压送风口的系统，其机械加压送风机的出风管或进风管上应加装电动风阀或止回风阀，电动风阀平时关闭，火灾时应与加压送风机联动开启。

【注解】加压送风机的出风管或进风管上应加装电动风阀或止回风阀是为了防止加压送风系统平时不用时形成的自然拔风现象及严寒、寒冷地区防冻；止回阀仅适用于风机置于系统上部的加压送风系统。

    2.5.6   防烟系统的联动控制方式应由常闭加压送风口（阀）所在防火分区内的任意两只独立的火灾探测器或一只火灾探测器与一只手动火灾报警按钮的报警信号，作为送风口开启和加压送风机启动的联动触发信号，并应由消防联动控制器联动控制相关层前室等需要加压送风场所的加压送风口开启和加压送风机启动，运行、故障信号应返回联动控制器[③]。

---

    ① 《民用建筑电气设计标准》GB 51348—2019 第 13.7.6 条。

    ② 上海市《建筑防排烟系统设计标准》DGJ 08-88—2021 第 6.1.3 条、第 3.3.6 条。

    ③ 《火灾自动报警系统设计规范》GB 50116—2013 第 4.5.1 条第 1 款、《民用建筑电气设计标准》GB 51348—2019 第 13.4.4 条。

3 排烟设计

3.1 一般规定

3.1.1 建筑排烟系统的设计应根据建筑高度、使用性质等因素，采用自然排烟系统或机械排烟系统。

3.1.2 排烟应直接排向室外。当外走廊兼疏散走道功能时，不应利用该外走廊进行排烟；当外走廊不兼疏散走道功能，如类似阳台功能时，则可利用该外走廊进行排烟。

3.1.3 建筑内的中庭及回廊应设置排烟设施。

【特例1】对于非商店建筑，当周围场所各房间（指周围场所经常有人停留或可燃物较多且有开口通向回廊的房间，不包括有开口通向回廊的配电间、卫生间及管井）均设置排烟设施时，回廊可不设排烟设施，即当周围场所任一房间未设置排烟设施时，回廊应设置排烟设施。

【特例2】徐州地区中庭、回廊、周围场所使用房间宜分别设置排烟系统。无回廊且与中庭相连通的房间，应优先采用机械排烟方式。回廊不设置排烟设施时，烟气层底部低于通向回廊门上沿的房间应采用机械排烟方式。

3.1.4 工业建筑的下列场所或部位应设置排烟设施：

1 人员或可燃物较多的地上丙类生产场所（车间），或丙类厂房内建筑面积大于 $300m^2$ 且经常有人停留或可燃物较多的其他地上房间（如厂房内的工具间、储藏间等，不含无窗房间）。

【注解】人员或可燃物较多的丙类生产场所（车间），不论面积大小都应设置排烟设施。

【特例1】厂房内的办公室、休息室以及厂房外的办公、生活辅助用房的排烟设计按本措施第3.1.5条和第3.1.7条执行。

【特例2】物流建筑中任一层建筑面积大于 $1500m^2$ 或总建筑面积大于 $3000m^2$ 的丙类作业区，建筑面积大于 $300m^2$ 的丙类作业区的地上房间应设置排烟设施[①]。

【特例3】医药工业洁净丙类厂房内建筑面积超过 $300m^2$ 的房间应设置排烟设施[②]。

[①] 《物流建筑设计规范》GB 51157—2016 第 15.7.1 条。
[②] 《医药工业洁净厂房设计标准》GB 50457—2019 第 9.2.18 条。

【特例4】 洁净厂房中的疏散走廊应设置机械排烟设施①。

2 任一空间（房间）建筑面积大于5000m²的地上丁类生产车间及作业型物流建筑；任一空间（房间）建筑面积大于1000m²的地下或半地下丁类生产场所（车间）。

【注解】 建筑面积大于5000m²的地上丁类生产车间，是指厂房内一个建筑面积大于5000m²的丁类生产火灾危险性的房间或车间，不是一个总建筑面积大于5000m²的丁类生产厂房，也不是多个车间的建筑面积之和大于5000m²的丁类生产车间。当多个丁类生产车间的总建筑面积大于5000m²，但每个车间的建筑面积小于等于5000m²时，这些车间均不要求设置排烟设施。

【特例】 江苏②地区"建筑面积大于5000m²的丁类车间"指该单体建筑中所有丁类生产车间的总面积。

3 占地面积大于1000m²的地上丙类仓库和建筑建筑面积大于300m²的地上丙类库房。

【注解】 关于"占地面积大于1000m²的仓库"，当多个库房之间采用防火墙、甲级防火门分隔，且每个库房至少有一个直接对外的安全出口时，可以理解为单个库房的面积。

4 高度大于32m的高层厂房（仓库）内长度大于20m的疏散走道，其他厂房（仓库）内长度大于40m的疏散走道。

3.1.5 民用建筑的下列场所或部位应设置排烟设施：

1 设置在一、二、三层且房间建筑面积大于100m²的歌舞娱乐放映游艺场所，设置在四层及以上楼层、地下或半地下的歌舞娱乐放映游艺场所。

【注解1】 "歌舞娱乐放映游艺场所"是指公共建筑内的歌厅、舞厅、录像厅、夜总会、卡拉OK厅（含具有卡拉OK功能的餐厅）、各类游艺厅、桑拿浴室休息室或具有桑拿服务功能的客房、网吧、足疗店等场所，不包括剧场、电影院。

【注解2】 歌舞娱乐放映游艺场所内设置配套营业用房（办公、卫生间、仓储和建筑面积不超过100m²的小卖部等除外），应按歌舞娱乐放映游艺场所的要求进行消防设计。该配套用房与歌舞娱乐放映游艺场所处于同楼层、不同防火分区且疏散完全独立或者处于不同楼层、不同防火分区时，可按其实际功能进行消防设计。

2 公共建筑内建筑面积大于100m²且经常有人停留的地上房间。

【注解】 包括以敞开式楼梯连通每层建筑面积不超过100m²但两层总建筑面积大于100m²的房间。当敞开楼梯在下层设挡烟垂壁时，上下两层应分别排烟。敞开楼梯排烟面积归为上一层，无需考虑高度问题，挡烟垂壁的高度需与周围空间排烟储烟仓的高度一致。

【特例】 托育机构建筑面积50m²以上的房间应具备自然排烟条件或设置机械排烟设施③。

3 公共建筑内建筑面积大于300m²且可燃物较多的地上房间。

4 建筑内长度大于20m的疏散走道。

---

① 《电子工业洁净厂房设计规范》GB 50472—2008第7.6.1条、《洁净厂房设计规范》GB 50073—2013第6.5.7条第1款。

② 《江苏省建设工程消防设计审查验收常见技术难点问题解答》第4.3.2条。

③ 《托育机构消防安全指南（试行）》第一条第（六）款。

【注解1】 建筑内的疏散走道不应用设置隔断门的方式减少内走道的总长度，使其不设置排烟设施。针对疏散走道，承担的是从房间到走道到前室或楼梯间或室外的疏散功能，疏散走道上不应设置卷帘、门等其他设施①。故除了两个防火分区之间的防火门，或疏散走道各自有疏散口，其他情况建筑在一条超过20m的疏散走道上加门时（包括防火门，更多的是因为管理需要而加，其实际的疏散距离并不因为设置了此门而变化），不能减少疏散走道的总长度，仍按防火分区内整条疏散走道的长度来判断是否需要设置排烟设施，只不过这个门自然地将同一条疏散走道分隔成两个防烟分区，分别设置排烟口（如果门上孔洞高度满足储烟仓厚度要求，则可按统一防烟分区处理）。

【注解2】 当疏散走道连接大堂等区域时，应按连接大堂计算走道长度。

【注解3】 本条同时包含具有疏散功能的外走廊。

3.1.6 除敞开式汽车库、建筑面积小于1000m²的地下一层和地上单层汽车库、修车库外，汽车库、修车库应设置排烟系统，可采用自然排烟方式或机械排烟方式。对于面积比较大的敞开式汽车库，整个汽车库都应该满足自然排烟条件，否则应该考虑排烟系统②。当汽车库内配建集中布置的充电设施，且充电设施区域建筑面积大于500m²时，应设置排烟设施。

【注解1】 不设置排烟系统的汽车库、修车库内最远点至汽车坡道或出入口不应大于30m。

【注解2】 汽车坡道应根据建筑的防火分区分隔划入相应的防烟分区。

【特例1】 甘肃地区机械式停车库宜设置机械排烟系统，室内无车道且无人员停留的机械式汽车库，车库内应设置排烟设施，排烟口应设置在运输车辆的巷道顶部③。利用建筑物地下室的升降横移类停车库，地下室面积超过2000m²的应设置机械排烟系统④。

【特例2】 贵州⑤、江苏⑥地区汽车库坡道不停留汽车，火灾时也不作疏散通道，可不设排烟系统。

3.1.7 除前述规定以外，地下或半地下室、地上建筑内的无外窗房间（包括外窗为不可开启扇），当总建筑面积大于200m²或一个房间建筑面积大于50m²，且经常有人停留或可燃物较多时，应设置排烟设施。

【注解1】 有直接对外的外门但无外窗的房间，可不按无窗房间考虑。

【注解2】 本条包括非机动车库、自行车库、卫生间、浴室等。

【注解3】 本条中"总建筑面积"指同一个防火分区内与走道相连的无窗房间和走道等区域的总建筑面积。

【注解4】 "且经常有人停留或可燃物较多时"这一限定条件是对"总建筑面积大于200m²"和"一个房间建筑面积大于50m²"两种情况而言的。

① 《建筑设计防火规范》GB 50016—2014（2018年版）第6.4.10条。
② 《汽车库、修车库、停车库设计防火规范》GB 50067—2014第8.2.1条。
③ 《甘肃省建设工程消防设计技术审查要点（建筑工程）》第5.2.1条、第5.2.2条。
④ 《甘肃省建设工程消防设计技术审查要点（建筑工程）》第5.2.4条。
⑤ 《贵州省消防技术规范疑难问题技术指南（2022年版）》第3.2.13条。
⑥ 《江苏省建设工程消防设计审查验收常见技术难点问题解答》第4.2.19条。

【**特例 1**】洁净手术部应对无窗建筑或建筑物内无窗房间设置防排烟系统①。

【**特例 2**】为了提供可控的药品生产环境，降低药品生产质量风险，医药洁净室不按地上无窗房间的定义来执行本条规定②。

【**特例 3**】房间面积大于 50m² 且不大于 200m² 的电视演播室、导演室、录音室、配音室、直播室、控制室，因受工艺限制，设置机械排烟设施确有困难时，可不设置机械排烟设施，但应满足下列要求③：

1　顶棚、墙面的装修材料采用不燃材料，地面的装修材料采用不燃或难燃 B1 级材料，其他装修材料的燃烧性能不低于 B1 级；

2　房间之间隔墙应采用耐火极限不低于 2.00h 的防火隔墙，房间门应采用乙级防火门。

【**特例 4**】广东④、石家庄⑤、江苏⑥地区房间内如果安装了能够被击破、破拆的窗户（含玻璃幕墙）、外部人员可通过该窗户观察到房间内部的情况，则该房间可不被认定为无窗房间。

【**特例 5**】浙江⑦地区对于地下室（或半地下室）一个防火分区内、无充电设施且与相邻场所（或部位）之间采取了防火分隔措施的非机动车库，当单个非机动车库建筑面积大于 500m² 或被分隔成多个隔间且其总建筑面积大于 200m² 时，应设置排烟设施。对于设有充电设施的地下室（或半地下室）内的非机动车库，当其单个建筑面积大于 50m² 或总建筑面积大于 200m² 时，应设置排烟设施。

【**特例 6**】石家庄⑧地区地下室或半地下室内的非机动车库，当建筑面积大于 200m² 时应设排烟设施。当建筑总面积大于 200m² 但采用耐火极限不低于 2.00h 的防火隔墙分隔为不大于 200m² 的多个区域，各区域通往疏散通道的开口宽度不大于 2m 时，可不设排烟设施。

【**特例 7**】武汉地区地下非机动车库，当单个非机动车库建筑面积大于 500m² 或分隔成多个隔间且建筑总面积大于 200m² 时，应设置排烟设施。

3.1.8　通行机动车的一、二、三类城市交通隧道内应设置排烟设施⑨。

3.1.9　除前述规定以外，建筑面积大于等于 300m² 的冷库穿堂和封闭站台应设置排烟设施⑩。

3.1.10　除前述规定以外，地铁的列车区间隧道和车站⑪、垃圾池⑫应设排烟设施。

---

① 《医院洁净手术部建筑技术规范》GB 50333—2013 第 12.0.10 条。
② 《医药工业洁净厂房设计标准》GB 50457—2019 第 9.2.18 条。
③ 《广播电影电视建筑设计防火标准》GY 5067—2017 第 8.0.2 条。
④ 《广州市建设工程消防设计、审查难点问题解答》第 7.1.10 条。
⑤ 《石家庄市消防设计审查疑难问题操作指南（2021 年版）》第 10.0.1 条。
⑥ 《江苏省建设工程消防设计审查验收常见技术难点问题解答》第 5.4 条。
⑦ 《浙江省消防技术规范难点问题操作技术指南（2020 版）》第 7.2.38 条。
⑧ 《石家庄市消防设计审查疑难问题操作指南（2021 年版）》第 8.2.29 条。
⑨ 《建筑设计防火规范》GB 50016—2014（2018 年版）第 12.3.1 条。
⑩ 《冷库设计标准》GB 50072—2021 第 9.5.1 条。
⑪ 《地铁设计规范》GB 50157—2013 第 13.1.4 条。
⑫ 《生活垃圾焚烧处理工程技术规范》CJJ 90—2009 第 5.3.2 条。

3.1.11 除前述规定以外，体育建筑的比赛、训练大厅，地下训练室、贵宾室、裁判员室、重要库房、设备用房等应设排烟设施[①]。

3.1.12 除前述规定以外，剧场建筑主舞台上部的屋顶或侧墙上、机械化舞台的台仓、观众厅闷顶或侧墙上部应设排烟设施[②]。

3.1.13 除前述规定以外，人防工程下列场所应设有排烟设施[③]：

1 总建筑面积大于 $200m^2$ 的人防工程；

2 建筑面积大于 $50m^2$，且经常有人停留或可燃物较多的房间；

3 丙、丁类生产车间；

4 歌舞娱乐、放映游艺场所。

3.1.14 除前述规定以外，广播电视发射塔下列部位应设有排烟设施[④]：

1 塔楼内的公共区及办公室；

2 塔下建筑的中庭、展览厅、商业用房、餐厅、休息厅、会议室等公共场所，经常有人员停留或可燃物品较多的房间；

3 除设置气体灭火系统以外的其他技术用房；

4 摄影棚。

3.1.15 除前述规定以外，地铁工程下列场所应设置排烟设施[⑤]：

1 地下或封闭车站的站厅、站台公共区；

2 同一个防火分区内总建筑面积大于 $200m^2$ 的地下车站设备管理区，地下单个建筑面积大于 $50m^2$ 且经常有人停留或可燃物较多的房间；

3 连续长度大于一列列车长度的地下区间和全封闭车道；

4 车站设备管理区内长度大于20m的内走道，长度大于60m的地下换乘通道、连接通道和出入口通道。

5 车辆基地的地下停车库、列检库、停车列检库、运用库、联合检修库、镟轮库、工程车库等场所。

3.1.16 地铁工程地下车站公共区的排烟应符合下列规定[⑥]：

1 当站厅发生火灾时，应对着火防烟分区排烟，可由出入口自然补风，补风通路的空气总阻力应符合本措施第3.2.6条特例3的规定；当不符合本措施第3.2.6条的规定时，应设置机械补风系统。

2 当站台发生火灾时，应对站台区域排烟，并宜由出入口、站厅补风。

3 车站公共区发生火灾、驶向该站的列车需要越站时，应联动关闭全封闭站台门。

3.1.17 建筑内其他可不设置排烟的场所：

1 无人员经常停留的空调、通风、冷冻、空压、水泵房等机电设备用房；汽机房。

[①] 《体育建筑设计规范》JGJ 31—2003 第8.1.9条。

[②] 《剧场建筑设计规范》JGJ 57—2016 第8.4.1条、第8.4.3条、第8.4.4条。

[③] 《人民防空工程设计防火规范》GB 50098—2009 第6.1.2条。

[④] 《广播电影电视建筑设计防火标准》GY 5067—2017 第8.0.3条、第8.0.6条。

[⑤] 《地铁设计防火标准》GB 51298—2018 第8.1.1条、第8.2.7条。

[⑥] 《地铁设计防火标准》GB 51298—2018 第8.2.3条。

【特例1】体育建筑的无外窗的地下设备用房应设机械排烟系统[①]。

【特例2】设置于高层民用建筑地下层的柴油发电机房视为可燃物较多场所，应设置排烟设施[②]。

【特例3】石家庄[③]地区建筑面积大于等于200m^2的柴油发电机房应设置排烟设施。

【特例4】广东[④]地区建筑内设的应急发电机房、燃油/燃气锅炉房，不设置自动气体灭火系统时，按本措施第3.1.7条执行。

【特例5】河南地区地下建筑面积大于50m^2的消防水泵房应设置机械排烟设施。

2　设备夹层、转换层。

3　无疏散要求、无其他使用功能且周边采取了防火卷帘分隔（首层可不设置）的自动扶梯区域及无疏散要求的楼梯。

4　设置了气体灭火系统、细水雾灭火系统的场所（防护区）。

5　设置了挡烟垂壁与周边区域隔开的游泳池的水池区。

【注解】若水池区与周边区域未设置挡烟垂壁隔开，则在计算排烟量或自然排烟口开窗面积时，水池区面积可不计入。

【特例】石家庄[⑤]地区没有看台的游泳池大厅，当与其附属用房之间采用防火门、防火隔墙分隔时，可不设排烟设施；当与附属用房之间没有防火门、防火隔墙分隔时，应采取排烟措施。

6　冷库冻结间和冻结物冷藏间[⑥]。

7　冷却间和冷却物冷藏间不宜设置排烟系统[⑦]。

3.1.18　当自然排烟设施无法满足相关要求时，应设置机械排烟系统。

【特例1】面积大于100m^2的地上观众厅和面积大于50m^2的地下观众厅应设置机械排烟设施[⑧]。

【特例2】剧场建筑当舞台台塔高度小于12m时，可采用自然排烟措施，当舞台台塔高度大于等于12m时，应设机械排烟装置[⑨]。

【特例3】北京[⑩]地区建筑高度超过100m的高层建筑不应采用自然排烟系统。

【特例4】北京[⑩]地区歌舞厅、录像厅、夜总会、卡拉OK厅、游艺厅等歌舞娱乐放映游艺场所长度超过40m的内走道，其他建筑长度超过60m的内走道，不应采用自然排烟系统。

【特例5】甘肃[⑪]地区面积大于100m^2的地上观众厅和面积大于50m^2的地下观众厅应

---

① 《体育建筑设计规范》JGJ 31—2003第8.1.9条。

② 《民用建筑电气设计标准》GB 51348—2019第6.1.14条第2款。

③ 《石家庄市消防设计审查疑难问题操作指南（2021年版）》第8.2.3条。

④ 《广州市建设工程消防设计、审查难点问题解答》第7.1.1条。

⑤ 《石家庄市消防设计审查疑难问题操作指南（2021年版）》第8.2.32条。

⑥ 《冷库设计标准》GB 50072—2021第9.5.2条。

⑦ 《冷库设计标准》GB 50072—2021第9.5.3条。

⑧ 《电影院建筑设计规范》JGJ 58—2008第6.1.9条。

⑨ 《剧场建筑设计规范》JGJ 57—2016第8.4.2条。

⑩ 北京市《自然排烟系统设计、施工及验收规范》DB 11-1025—2013第3.1.1条第1款。

⑪ 《甘肃省建设工程消防设计技术审查要点（建筑工程）》第5.5.1条。

设置机械排烟设施。

3.1.19 应独立设置排烟设施的场所：

1 体育馆、游泳馆的观众休息厅和比赛大厅应分别设置独立的排烟设施。

2 设置在四层及以上的电影厅、法院审判厅、报告厅、会议厅，当面积大于 400m² 时，应设置独立的机械排烟系统和补风系统。

【特例】甘肃①地区航站楼与地铁车站、轻轨车站及公共汽车站等城市公共交通设施之间的连通空间应设置独立的排烟或防烟设施。

3.2 防烟分区

3.2.1 设置排烟系统（包括自然排烟系统和机械排烟系统）的场所或部位应采用挡烟垂壁、结构梁或隔墙等划分防烟分区。防烟分区不应跨越防火分区。

【特例1】当空间净高大于 9m 时，防烟分区之间可不设置挡烟设施，即空间净高大于 9m 时，防烟分区之间不需设置物理意义上的挡烟垂壁。

【特例2】回廊不需设置排烟设施的场所，中庭与回廊之间可不设置挡烟设施。

3.2.2 设置排烟设施的建筑空间内，除了采用挡烟垂壁划分防烟分区以外，以下部位应设置挡烟垂壁等设施，挡烟垂壁的高度应满足本措施第 3.2.4 条要求，且不应小于本层空间净空高度的 20%：

1 敞开楼梯间和自动扶梯穿越楼板的开口部位应设置挡烟垂壁等设施。

【注解1】如已设置防火卷帘的部位，则可不再设置挡烟垂壁。

【注解2】天井与其周边区域不应设置挡烟垂壁。

【特例1】如该空间及连通的空间无需设置排烟设施（如住宅套内等），则敞开楼梯间穿越楼板的开口部位可不设置挡烟垂壁。

【特例2】上下层都与敞开式外廊连接的敞开楼梯间可不设置挡烟垂壁。

2 当中庭与周围场所未采用防火分隔（防火隔墙、防火玻璃隔墙、防火卷帘）时，中庭与周围场所之间应设置挡烟设施。

3 建筑投影范围内的汽车库（坡道）出入口应设置挡烟垂壁，如图 3.2.2-1 所示。

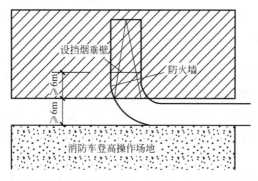

图 3.2.2-1 建筑投影范围内的汽车库（坡道）出入口设置挡烟垂壁示意图

---

① 《甘肃省建设工程消防设计技术审查要点（建筑工程）》第 5.6.2 条。

4　老年人照料设施内的非消防电梯可采取设置挡烟垂壁作为防烟措施[1]，如图3.2.2-2所示。

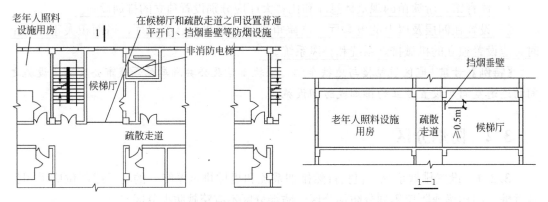

图3.2.2-2　老年人照料设施非消防电梯候梯厅设置挡烟垂壁示意图

【特例】地铁车站公共区楼扶梯穿越楼板的开口部位、公共区吊顶与其他场所连接处的顶棚或吊顶面高差不足0.5m的部位应设置挡烟垂壁[2]。

3.2.3　采用自然排烟方式时，储烟仓的厚度不应小于空间净高的20%，且不应小于500mm；当采用机械排烟方式时，不应小于空间净高的10%，且不应小于500mm。同时，储烟仓底部距地面的高度应大于安全疏散所需的最小清晰高度。设计烟层底部高度不应低于储烟仓底部高度。

【注解】对于有吊顶的空间，当吊顶开孔不均匀或开孔率≤25%时，吊顶内空间高度不得计入储烟仓厚度，如图3.2.3-1、图3.2.3-2所示。采用全封闭吊顶时，挡烟垂壁可不延伸至吊顶内。

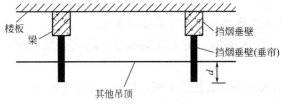

图3.2.3-1　开孔率小于等于25%或
开孔不均匀的通透式吊顶及一般吊顶

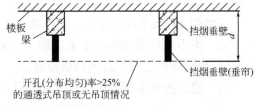

图3.2.3-2　无吊顶或设置开孔（均匀分布）
率大于25%的通透式吊顶

3.2.4　挡烟垂壁等挡烟分隔设施的深度不应小于规定的储烟仓厚度。为保证人员疏散，挡烟垂壁（含活动挡烟垂壁下垂后）下缘距地面的净空高度不应小于2.0m。

【注解1】当采用电动卷帘式挡烟垂壁时，应考虑其筒体安装最小高度（200mm）。

【注解2】当走道净高较低、挡烟垂壁下沿无法满足此标高时，可采用以下一种处理方式：

1　采用镂空吊顶，利用吊顶内的空间高度，提高挡烟垂壁下沿的距地标高；

① 《〈建筑设计防火规范〉图示》18J811-1第5.5.14条图示2。

② 《地铁设计防火标准》GB 51298—2018第8.1.6条。

2 在防烟分区处设置双向开启门作为防烟分区的分隔；

3 优化管道走向，减少机电管道占用高度，增加净高；

4 建筑专业调整建筑层高。

【特例1】当改造建筑无条件时，采用柔性材料的活动式挡烟垂壁下部可低于2.0m。

【特例2】地铁车站挡烟垂壁的下缘至地面、楼梯或扶梯踏步面的垂直距离不应小于2.3m[①]。

【特例3】江苏[②]地区当采用与消防信号联动的活动式挡烟垂壁时，挡烟垂壁底部标高可小于2.0m。

3.2.5 同一防烟分区不应同时采用自然排烟和机械排烟方式进行排烟；同一建筑空间不宜同时采用自然排烟和机械排烟方式进行排烟。

【注解1】同一防烟分区不应同时采用两种排烟方式，是指不应在排烟量计算时一部分排烟量由机械排烟口承担，另一部分排烟量由自然排烟窗（口）承担，而不是指设置了机械排烟的防烟分区不应设置可开启外窗。

【注解2】当其相邻的两个防烟分区采用不同的排烟方式时，两个防烟分区之间的挡烟设施必须分隔到位，即采用建筑墙体等围护结构进行分隔，或挡烟垂壁应能降至两个防烟分区中较低的设计储烟仓底部及以下。

【注解3】同一防烟分区内采用机械排烟时，存在可开启外窗的情形不属于"同一防烟分区采用不同排烟方式"。

【特例】石家庄[③]地区走廊等由挡烟垂壁划分为多个防烟分区时，不应将机械排烟方式和自然排烟方式混用，避免出现排烟口成为进风口的问题。

3.2.6 建筑内防烟分区的最大允许面积及其长边最大允许长度应符合表3.2.6的规定，当工业建筑采用自然排烟系统时，其防烟分区的长边尚不应大于建筑内空间净高的8倍。

建筑内防烟分区的最大允许面积及其长边最大允许长度 表3.2.6

空间区域	空间净高 H(m)或走道宽度 W(m)	最大允许面积(m²)	长边最大允许长度(m)
宽度不大于4m的走道或回廊	W≤2.5(无局部变宽)	—	60
	W≤2.5(局部变宽的累计长度不超过该走道总长度的1/4,变宽的宽度不超过6m,变宽区域仅用于疏散和候梯,下同)	—	45
	2.5<W≤4.0(含局部加宽但不含电梯厅时)	150	—
	2.5<W≤4.0(含局部加宽的电梯厅时)	180	—
其他空间	H≤3.0	500	24
	3.0<H≤6.0	1000	36
	H>6.0	2000	60m;具有对流条件时,不应大于75m

---

① 《地铁设计防火标准》GB 51298—2018 第8.1.7条。

② 《江苏省建设工程消防设计审查验收常见技术难点问题解答》第4.2.20条。

③ 《石家庄市消防设计审查疑难问题操作指南（2021年版）》第8.2.7条。

【注解1】 非平顶的室内净高取值原则符合本措施第 1.2.21 条的要求；不同标高平顶的室内空间（局部装饰造型除外），宜划分不同的防烟分区，如在同一防烟分区，计算最大允许面积及其长边最大允许长度时，净高按低处取值，如图 1.1.7（d）所示。

【注解2】 对于组合型走道或回廊，其防烟分区的长边长度可按分区内最远两点间沿烟气扩散路径蔓延的最大沿程不重复距离确定，常见走道或回廊防烟分区的长边长度可参照图 3.2.6-1 确定。

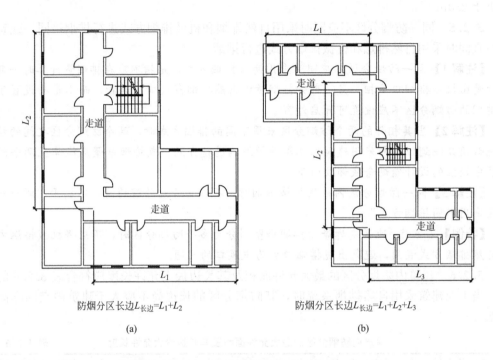

防烟分区长边 $L_{长边}=L_1+L_2$

(a)

防烟分区长边 $L_{长边}=L_1+L_2+L_3$

(b)

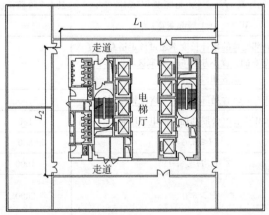

防烟分区长边 $L_{长边}=L_1+L_2$

(c)

图 3.2.6-1　组合型走道或回廊防烟分区长边长度确定示意图（一）

(a) "L" 形走道；(b) "Z" 形走道；(c) "回" 形走道

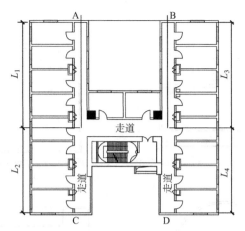

防烟分区长边$L_{长边}$=max$\{L(A，D)，L(B，C)，L(A，C)，L(B，D)，L(A，B)，L(C，D)\}$

$L(A，D)=L_1+L_5+L_4$，余同

(d)

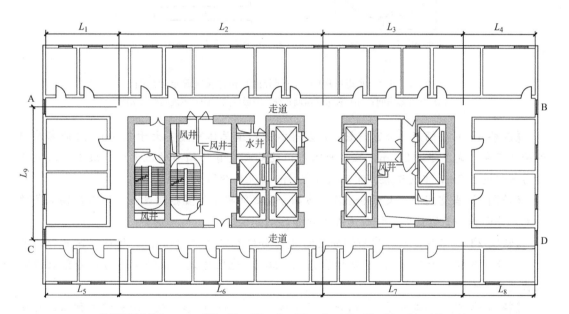

防烟分区长边$L_{长边}$=max$\{L(A，D)，L(B，C)，L(A，C)，L(B，D)，L(A，B)，L(C，D)\}$

$L(A，B)=L_1+L_2+L_3+L_4$，$L(A，D)=L_1+L_9+L_6+L_7+L_8$，余同

(e)

图 3.2.6-1　组合型走道或回廊防烟分区长边长度确定示意图（二）

（d）"H"形走道（一）；（e）"H"形走道（二）

【注解3】对于 L 形、多边形、圆形或不规则形状的房间（防烟分区），能覆盖（包含）该房间（防烟分区）且覆盖面积最小的矩形，该矩形的任一边长度以及该房间（防烟分区）的任一直线边不应大于防烟分区长边的最大允许长度，如图 3.2.6-2 所示。

【注解4】同一空间内存在不同净高的区域，可按净高不同划分不同防烟分区设计排烟，或者按净高大的划分防烟分区，并同时满足 2 个净高对防烟分区面积、长边长度等的要求。通过挡烟垂壁隔开的面积小于 $50m^2$ 的部分，也需考虑排烟。

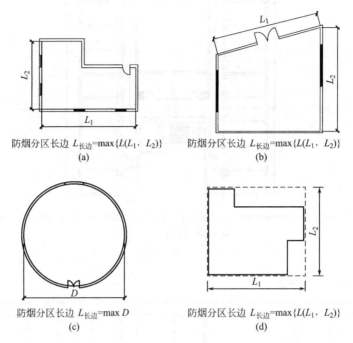

防烟分区长边 $L_{长边}=\max\{L(L_1,L_2)\}$
(a)

防烟分区长边 $L_{长边}=\max\{L(L_1,L_2)\}$
(b)

防烟分区长边 $L_{长边}=\max D$
(c)

防烟分区长边 $L_{长边}=\max\{L(L_1,L_2)\}$
(d)

图 3.2.6-2　非矩形房间（防烟分区）长边长度确定示意图
(a)"L"形房间；(b)多边形房间；(c)圆形房间；(d)不规则形状房间

【注解5】对于酒店、公寓建筑客房层等，若走道总体宽度不大于2.5m，每间客房门处局部变宽，宽度超过2.5m，且每间客房门处局部变宽为均布的，考虑到该走道疏散宽度为不超过2.5m，本走道按宽度不大于2.5m情况划分防烟分区。

【特例1】当空间净高大于9m时，防烟分区之间可不设置挡烟设施，但仍应按本条的最大允许面积和长边最大允许长度规定划分防烟分区。

【特例2】汽车库、修车库防烟分区的建筑面积不宜大于2000m²，防烟分区的长边最大允许长度不宜大于60m[1]，不应大于75m。江苏[2]地区建筑非机动车库防烟分区长边最大长度不应大于60m。

【特例3】建筑高度大于250m民用建筑核心筒周围的环形疏散走道应设置独立的防烟分区。

【特例4】建筑的外廊也需设置防烟分区，但对于敞开式外廊、单侧或双侧侧壁与室外直接相通的通道或架空层，可不划分防烟分区并无需标注排烟设施，即无需任何人为设置即可实现自然排烟，但空间内任一点与开口处（包括侧向开口及顶部开口）的水平距离应小于30m。对于走道为不完全敞开式外廊的情形，如将非敞开部分采用挡烟垂壁等措施隔开，则隔开后的敞开式外廊部分可不划分防烟分区。

【特例5】当物流建筑净高大于6m时，可不划分防烟分区[3]。

① 《〈建筑防烟排烟系统技术标准〉图示》15K606第76页图示4。
② 江苏省《住宅设计标准》DB 32/3920—2020第8.12.7条。
③ 《物流建筑设计规范》GB 51157—2016第15.7.5条。

【特例6】地铁工程站厅公共区和设备管理区应采用挡烟垂壁或建筑结构划分防烟分区，站厅公共区内每个防烟分区的最大允许建筑面积不应大于 2000m²，设备管理区内每个防烟分区的最大允许建筑面积不应大于 750m²[①]。

【特例7】广东[②]地区内走道单个区域局部净宽大于 2.5m 的区域：面积小于 100m² 时仍按走道设计，面积大于等于 100m² 时加设挡烟垂壁，划分独立防烟分区。

【特例8】福建地区走道宽度大于 2.5m 时，石家庄[③]地区走道宽度大于 3m 时，其防烟分区的长边长度按表 3.2.6 中"其他空间"认定。

【特例9】山东[④]、浙江[⑤]地区对于建筑空间净高小于等于 3m 的住宅建筑内的非机动车库，其防烟分区的最大允许长度不应大于 36m。

3.3 自然排烟设施

3.3.1 当采用自然排烟方式时，可采用电动排烟窗、自动排烟窗、百叶窗、孔洞、可熔性采光带等作为自然排烟口，自然排烟窗（口）应设置在排烟区域的顶部或外墙，并应符合下列规定：

1 当设置在外墙上时，自然排烟窗（口）应在储烟仓内。

【注解1】当地许可时，开向室外的门位于储烟仓内部分的面积可计入自然排烟口面积。

【注解2】当净高限制，自然排烟窗（口）面积难以满足时，可在吊顶与自然排烟窗（口）之间设置局部排烟凹槽来实现，局部排烟凹槽的宽度 d' 应不小于设计烟层厚度 d，如图 3.3.1-1 所示。

【注解3】地下1层和地下2层可采用窗井自然排烟，但每层窗井均应独立设置。地下3层及以下，仅限贴邻下沉式广场等室外空间布置情况时可采用自然排烟方式。

【特例1】对于净高小于等于 4m 的汽车库及自行车库或机动车库或设备用房、净高与宽度均小于等于 4m 的走道以及净高小于等于 3m 的其他房间的自然排烟窗（口）无条件时，可不设置在储烟仓内[⑥]，但仅设置在室内净高度的 1/2 之上的自然排烟窗（口）计入有效面积。

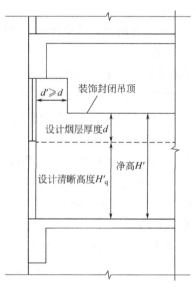

图 3.3.1-1 自然排烟窗（口）局部排烟凹槽示意图

① 《地铁设计防火标准》GB 51298—2018 第 8.1.5 条。
② 广东省《〈建筑防烟排烟系统技术标准〉GB 51251—2017 问题释疑》第一条第 45 款。
③ 《石家庄市消防设计审查疑难问题操作指南（2021 年版）》第 8.2.9 条。
④ 《山东省建筑工程消防设计部分非强制性条文适用指引》第 3.0.25 条。
⑤ 《浙江省消防技术规范难点问题操作技术指南（2020 版）》第 7.2.38 条。
⑥ 林星春，《关于各地防排烟设计不同要求的建议措施》第 2 条。

【特例2】人防工程设置自然排烟设施的场所，自然排烟口底部距室内地面不应小于2m，并应常开或发生火灾时能自动开启①。

【特例3】上海②地区净高不大于3m的区域（走道、室内空间），其自然排烟窗（口）可设置在室内净高度的1/2以上。

【特例4】浙江③地区当走道长度小于30m时，开向室外的门方可作为自然排烟设施用。

2　自然排烟窗（口）的开启形式应有利于火灾烟气的排出。

【注解1】无动力风帽或自然通风器可作为自然排烟窗（口），如无相应数据时，排烟口有效面积按洞口面积的0.6倍计算。

【注解2】消防救援窗不宜作为自然排烟窗（口）。当确有困难且当地认可时，可开启外窗可按图3.3.1-2设置，且下部应满足消防救援窗要求，上部应满足自然排烟窗要求。

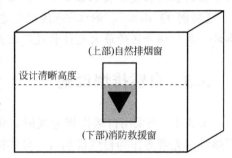

图3.3.1-2　自然排烟窗与消防救援窗合用示意图

【特例】北京④地区自然排烟窗与消防救援窗不应合用，建筑自然排烟开口应与消防救援窗保持一定的安全距离，其边缘最小安全间距不应小于0.8m。

3　开启方向指内开和外开，当房间面积不大于200m²时，自然排烟窗（口）的开启方向可不限。

【注解】开启方向指内开和外开，当房间面积大于200m²时，其设置在外墙上的单开式自动排烟窗优先采用外开式下悬窗/对开式窗/百叶式窗，但外开上悬窗仍可以用于自然排烟。

4　自然排烟窗（口）宜分散均匀布置，且每组的长度不宜大于3.0m，如图3.3.1-3（a）所示。

5　设置在防火墙两侧的自然排烟窗（口）之间最近边缘的水平距离不应小于2.0m⑤；设置在内转角的防火墙两侧的自然排烟窗（口）之间最近边缘的水平距离不应小于4.0m⑥，如图3.3.1-3所示。

【特例1】上海地区封闭式地面非机动车库开设自然排烟窗的，其排烟窗与建筑外墙上、下层开口之间应设置高度不小于1.2m的实体墙或挑出宽度不小于1.0m、长度不小于开口宽度的防火挑檐；当室内设置自动喷水灭火系统时，上、下层开口之间的实体墙高度不应小于0.8m。排烟窗与相邻区域开口之间的墙体宽度不应小于1m；小于1m时，应在开口之间设置突出外墙不小于0.6m的隔板。

【特例2】石家庄⑦地区地下室房间、走道采用窗井自然排烟时，除了满足本措施第

---

① 《人民防空工程设计防火规范》GB 50098—2009第6.1.2条。
② 上海市《建筑防排烟系统设计标准》DGJ 08-88—2021第4.2.3条第1款。
③ 《浙江省消防技术规范难点问题操作技术指南（2020版）》第7.1.9条。
④ 北京市《自然排烟系统设计、施工及验收规范》DB 11-1025—2013第4.3.1条。
⑤ 《建筑设计防火规范》GB 50016—2014（2018年版）第6.1.3条。
⑥ 《建筑设计防火规范》GB 50016—2014（2018年版）第6.1.4条。
⑦ 《石家庄市消防设计审查疑难问题操作指南（2021年版）》第8.2.20条。

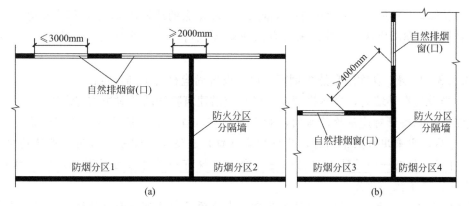

图 3.3.1-3 防火墙两侧的自然排烟窗（口）距离示意图

(a) 自然排烟窗（口）分散均匀布置示意图；(b) 设置在防火墙两侧的自然排烟窗（口）

3.5.4 条的要求以外，窗井截面积、出口百叶有效面积不应小于计算排烟口有效开窗面积，每个防烟分区应设两个自然排烟窗（竖井），两者之间的距离要设计合理。地下室房间的两个自然排烟口最小间距不宜小于 3.6m，地下室走廊的两个自然排烟口最小间距不宜小于 6m。

6 建筑屋顶上的可开启自然排烟窗（口）与主体之间的距离一般不宜小于 6m，或采取临近开口一侧的建筑采用防火墙等措施[1]。

3.3.2 防烟分区内任一点与最近的自然排烟（口）之间的水平距离不应大于 30m。

【**特例 1**】对于建筑内空间净高大于 10.7m 的工业建筑，其防烟分区内任一点与最近的自然排烟窗（口）的水平距离可仅按不大于建筑内净高的 2.8 倍进行设计。

【**特例 2**】当公共建筑空间净高大于等于 6m，且具有自然对流条件时，其水平距离不应大于 37.5m。具备对流条件的场所应符合下列条件[2]：

1 室内场所采用自然对流排烟的方式；

2 两个排烟窗应设在防烟分区短边外墙面的同一高度位置上，窗的底边应在室内 2/3 高度以上且应在储烟仓以内；

3 房间补风口应设置在室内 1/2 高度以下且不高于 10m，如图 3.3.2 所示；

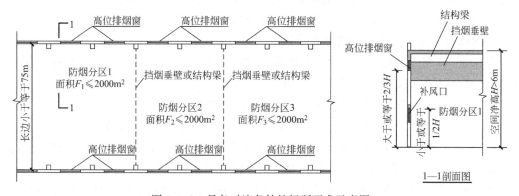

图 3.3.2 具备对流条件的场所要求示意图

---

① 《建筑设计防火规范》GB 50016—2014（2018 年版）第 6.3.7 条。

② 《〈建筑防烟排烟系统技术标准〉图示》15K606 第 77 页图示 1d。

4   排烟口与补风口的面积应满足本措施第3.5.15条的计算要求，且排烟窗应均匀布置。

【特例3】湖南地区工业建筑采用自然排烟方式时，其水平距离不应大于空间净高的2.8倍。

3.3.3   厂房、仓库的自然排烟窗（口）设置尚应符合下列规定：

1   当设置在外墙时，自然排烟窗（口）应沿建筑物的两条对边均匀设置。

【注解】此条针对建筑物的房间，对于排烟窗（口）沿建筑物转角相邻两条边布置的厂房、仓库，当采用自然排烟时，其排烟窗（口）应结合防烟分区沿两边外墙均匀布置。当地许可时，仅有一面外墙或用挡烟垂壁分隔后仅有一面外墙可设置排烟窗（口）的厂房、仓库，可不执行此条。

【特例】长沙、无锡、镇江地区工业建筑中非顶层中只有一面有外墙的厂房（或仓库）不具备对流条件，不能采用自然排烟。

2   当设置在屋顶时，自然排烟窗（口）应在屋面均匀设置且宜采用自动控制方式开启；当屋面斜度小于等于12°时，每200m² 的建筑面积应设置相应的自然排烟窗（口）；当屋面斜度大于12°时，每400m² 的建筑面积应设置相应的自然排烟窗（口）。

【特例1】厂房于屋顶设置的无动力涡旋式通风器的风量、风压与排烟口的距离满足本措施自然排烟相关要求时，可以作为自然排烟口。

【特例2】当物流建筑采用高侧窗自然排烟时，应采用下悬外开的开启方式，且应沿建筑物的两条对边均匀设置。当存储型物流建筑采用固定采光带时，应在屋面均匀设置，且每400m² 的建筑面积应设置一组[①]。

3.3.4   "有顶步行街"（含步行街首层地面、二层及以上连廊、回廊区域）的排烟设施应符合下列规定：

1   顶棚应设置自然排烟设施并优先采用敞开式的排烟口，且自然排烟口的有效面积不应小于步行街地面面积的25%[②]。常闭式自然排烟设施应能在火灾时手动和自动打开。

2   当建筑局部突出物或相邻建筑的外墙高于步行街顶棚部分采用防火墙和耐火极限不低于1.00h的屋面板时，步行街顶棚与上述外墙距离不限；当上述外墙高于步行街顶棚部分设置门窗洞口时，步行街顶棚排烟口与上述外墙距离不小于9m。

3   步行街首层地面及各层连廊、回廊可利用步行街的自然排烟窗进行排烟，与步行街相邻的商业用房应设置独立的排烟设施。

3.3.5   汽车库、修车库采用自然排烟方式时，可采用电动排烟窗、自动排烟窗、孔洞等作为自然排烟口，并应符合下列规定[③]：

1   自然排烟口的总面积不应小于室内地面面积的2%；

2   自然排烟口应设置在外墙上方或屋顶上，并应设置方便开启的装置；

3   房间外墙上的自然排烟口（窗）宜沿外墙周长方向均匀分布，自然排烟口（窗）的下沿不应低于室内净高的1/2，并应沿气流方向开启。

3.3.6   对于地下室（或半地下室）一个防火分区内、无充电设施且与相邻场所（或

---

① 《物流建筑设计规范》GB 51157—2016 第15.7.3条。
② 《建筑设计防火规范》GB 50016—2014（2018年版）第5.3.6条第7款。
③ 《汽车库、修车库、停车库设计防火规范》GB 50067—2014 第8.2.4条。

部位）之间采取了防火分隔措施的非机动车库，当采用自然排烟方式时，自然排烟窗（口）的有效面积应按不小于地面面积的2%计算确定。对于设有充电设施的地下室（或半地下室）内的非机动车库，当采用自然排烟方式时，自然排烟窗（口）的有效面积应按不小于地面面积的3%确定。自然排烟窗（口）应设置在室内净高1/2以上。

【特例】 江苏①地区设置在室内的电动自行车停放、充电场所应设置排烟设施，当设置自然排烟时，自然排烟窗（口）有效排烟面积不应小于地面面积的5%。

3.3.7 人防工程设置自然排烟设施的场所，自然排烟口底部距室内地面不应小于2m，并应常开或发生火灾时能自动开启，其自然排烟口的净面积应符合下列规定②：

1　中庭的自然排烟口净面积不应小于中庭地面面积的5%；

2　其他场所的自然排烟口净面积不应小于该防烟分区面积的2%。

3.3.8 疏散楼梯间窗户不可作为走道自然排烟窗使用。房间及内走道直通室外的疏散门，当没有自闭功能时，其上部（储烟仓底部以上且不低于1.80m）可算作自然排烟口面积。

【注解】 非疏散楼梯间的窗户可作为走道的自然排烟窗。

【特例】 山东③地区人员疏散口（安全出口）不应作为排烟口使用。与疏散门相邻布置的外窗，可以作为排烟窗使用，但排烟窗口与附近安全出口相邻边缘之间的水平距离不应小于1.5m。

3.3.9 自然排烟窗（口）应设置手动开启装置，以方便直接开启。设置在高位不便于直接开启的自然排烟窗（口），应设置距地面高度1.3~1.5m的手动开启装置。净空高度大于9m的中庭、建筑面积大于2000m²的营业厅、展览厅、多功能厅、<u>体育比赛厅（含观众厅）</u>等场所，尚应设置集中手动开启装置和自动开启设施，且宜设置在该场所的人员疏散口附近。

【注解1】 外窗手柄高度在1.8m以下即满足本条"方便直接开启"要求。设置在1.3~1.5m的手动开启装置包括电控开启、气控开启、机械装置（拉杆、手柄、按钮等）开启等，机械装置如图3.3.9所示。

图3.3.9　高位自然排烟窗手动（机械）开启装置现场图

---

① 江苏省《电动自行车停放、充电场所防火技术要点》第六条。

② 《人民防空工程设计防火规范》GB 50098—2009 第6.1.4 条。

③ 《山东省建筑工程消防设计部分非强制性条文适用指引》第3.0.13条。

【注解2】 集中手动开启装置和自动开启设施可以分组分区设置。

3.3.10 选用自动排烟窗时，其整窗（由窗体、执行机构、控制系统、管路（线）等组成）的完全开启时间、开启角度、启动方式等性能应满足本措施要求，并宜考虑防失效保护等技术措施。对于总建筑面积10万 m² 及以上（不包括住宅、写字楼部分及地下车库的建筑面积）集购物、旅店、展览、餐饮、文娱、交通枢纽等两种或两种以上功能于一体的超大城市综合体，当采用自动排烟窗时，应具备在紧急情况下能正常工作的防失效保护功能，保证在紧急情况下能自动打开并处于全开位置。

【注解】 通过烟感、温感探测装置联动启动或温度释放装置启动的排烟窗，都属于自动排烟窗。

3.3.11 除洁净厂房外，设置自然排烟系统的任一层建筑面积大于2500m² 的制鞋、制衣、玩具、塑料、木器加工储存等丙类工业建筑，除自然排烟所需排烟窗（口）外，尚宜在屋面增设可熔性采光带（窗），其面积应符合下列要求：

1   未设置自动喷水灭火系统的，或采用钢结构屋顶，或采用预应力钢筋混凝土屋面板的建筑，不应小于楼地面面积的10%；

2   其他建筑不应小于楼地面面积的5%。

【注解】 可熔性采光带（窗）的有效面积应按其实际面积计算。

3.4   机械排烟设施

3.4.1   公共建筑、工业建筑机械排烟服务高度不应超过50m，住宅建筑机械排烟服务高度不应超过100m，否则排烟系统应竖向分段独立设置。

【注解1】 超高层排烟系统竖向分段一般结合设备层或避难层设置，避难层上下的排烟系统宜分别独立设置。建筑高度大于250m的民用建筑机械排烟系统竖向应按避难层分段设计。

【注解2】 对于分段设置的机械排烟系统，服务于其下段部分系统的排烟风机，可以设置于屋面，并非必须设置于中部的设备机房。但应复核风机的风压，并且上段和下段的排烟管道应分别设在独立管井内。但无锡、镇江、深圳地区下段排烟系统排烟风机不应设置在上段屋面，应设置在系统高度以内。

3.4.2   当建筑的机械排烟系统沿水平方向布置时，每个防火分区的机械排烟系统应独立设置。独立系统要求排烟风机、排烟风口、排烟风管均独立。

【注解】 本条规定机械排烟系统横向按每个防火分区设置独立系统，是指横向的风机、风口、风管都独立设置。共用直通室外的土建排风管井除外（详见图4.3.5），但此时不同防火分区的排烟风机与管井连接的风管应设置排烟防火阀及止回装置。

【特例】 对于"水平方向每个防火分区的机械排烟系统应独立设置"，浙江[①]地区理解为"机械排烟系统每个防火分区水平方向应独立"而不是"机械排烟系统在水平方向只能负担一个防火分区"，即当建筑的排烟系统沿垂直方向布置时，各楼层接至垂直主风管的每根排烟支管只能承担一个防火分区的排烟。如图3.4.2中3F不同排烟支管负担的防火分区5和防火分区3，以及2F中不同排烟支管负担的防火分区2和防火分区1。

---

① 《浙江省消防技术规范难点问题操作技术指南（2020版）》第7.1.16条。

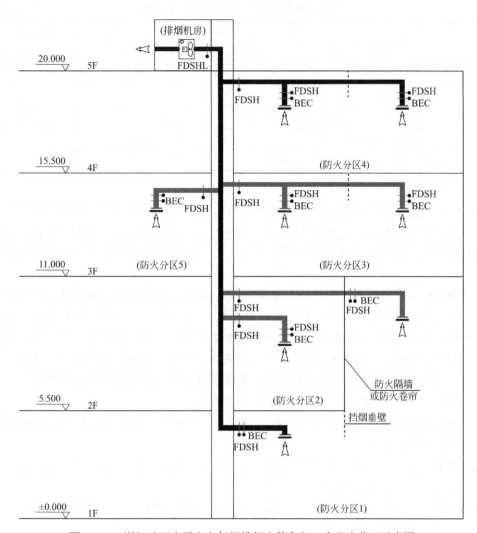

图 3.4.2 浙江地区水平方向每根排烟支管负担一个防火分区示意图

3.4.3 排烟风机的设置应符合下列规定：

1 排烟风机宜设置在排烟系统的最高处；

2 排烟风机应设置在专用机房内；

3 排烟风机房内不得设置用于机械加压送风和消防补风的风机与管道；

4 排烟风机与排烟管道的连接部件应能在 280℃ 时连续 30min 保证其结构完整性；

5 受条件限制时，对于排烟系统与通风系统共用的系统，其排烟风机与排风风机的合用机房内应设置自动喷水灭火系统。

【注解】排烟机房的设置与建筑平面及建筑面积计算相关，在较优的布置条件下，带不同部位的排烟机房布置最合理时最小净面积及尺寸提资参考表 3.4.3。

排烟机房最小净面积及尺寸提资参考表　　表 3.4.3

承担排烟部位	设计排烟量（m³/h）	机房较合理净尺寸（m×m）	方案设计阶段估算机房面积（m²）
走道	15600	2×3.5	10
房间（不大于 250m²）	36000	2.5×4.5	15
房间（250～350m²）或中庭（周围场所无需设置排烟）	46000	3.0×6.0	20
房间（350～500m²）	72000	3.5×6.5	25
净高大于 6m 的高大空间或中庭（周围场所需要设置排烟）	130000	5.5×6.5	40

注：机房面积按横向带多个防烟分区考虑。

3.4.4 室外机械排烟口与人员密集场所距离小于 10m 的情况下，排烟口底部距人员活动地坪的高度不应小于 2.5m；大于 10m 的情况下，排烟口底部宜距地不小于 500mm。

【注解1】 当下沉式广场兼作人员疏散时，不应设置直接开向下沉式广场的机械排烟口。

【注解2】 人员密集场所是指公众聚集场所，如医院的门诊楼、病房楼，学校的教学楼、图书馆、食堂和集体宿舍，养老院，福利院，托儿所，幼儿园，公共图书馆的阅览室，公共展览馆、博物馆的展示厅，劳动密集型企业的生产加工车间和员工集体宿舍，旅游、宗教活动场所等。其中公众聚集场所是指宾馆、饭店、商场、集贸市场、客运车站候车室、客运码头候船厅、民用机场航站楼、体育场馆、会堂以及公共娱乐场所等[①]。

3.4.5 室内机械排烟口的设置应符合下列规定：

1 排烟口宜设置在顶棚或靠近顶棚的墙面上；当设置在侧墙时，吊顶与其最近的边缘的距离不应大于 0.5m。

【注解】 当排烟口设置在风管上方时，吸风断面与其上部的建筑构件、遮挡物、顶板底面净距应不小于风口短边距离。

【特例】 上海[②]地区排烟口设置在侧墙时，吊顶与其最近的边缘的距离不应大于 0.2m。

2 排烟口应设在储烟仓内。

【特例】 对于净高小于等于 4m 的汽车库及自行车库或机动车库或设备用房、净高与宽度均小于等于 4m 的走道以及净高小于等于 3m 的其他房间的机械排烟口，无条件时可不设置在储烟仓内，但应设置在室内净高度的 1/2 之上。

3 防烟分区内任一点与最近的排烟口之间的水平距离不应大于 30m。

【注解】 汽车坡道应划分至相应的防烟分区。

【特例1】 当地铁建筑设计时当室内净高大于 6m 时，排烟口距最远点的水平距离可增加至 37.5m[③]。

【特例2】 当物流建筑净高大于 6m 时，排烟口距最远点的水平距离可不大于 40m[④]。

4 排烟口的设置宜使烟流方向与人员疏散方向相反，宜在该防烟分区内均匀布置，

① 《中华人民共和国消防法》第 73 条。
② 上海市《建筑防排烟系统设计标准》DGJ 08-88—2021 第 4.3.13 条第 2 款。
③ 《地铁设计防火标准》GB 51298—2018 第 8.2.5 条第 2 款。
④ 《物流建筑设计规范》GB 51157—2016 第 15.7.5 条。

排烟口与附近安全出口相邻边缘之间的水平距离不应小于1.5m。

【注解】安全出口是指供人员安全疏散用的楼梯间和室外楼梯的出入口或直通室内外安全区域的出口[1]。安全出口是疏散口的一种，主要是针对某一独立的防火分区或楼层而言；疏散出口不一定是安全出口，疏散出口包括安全出口和房间的疏散门，故安全出口不包括房间开往走道的疏散门。

【特例1】地铁建筑设计时排烟口底边距挡烟垂壁下沿的垂直距离不应小于0.5m，距离安全出口的水平距离不应小于3.0m[2]。

【特例2】人民防空工程设计时排烟口应与疏散出口的水平距离大于2m[3]。

【特例3】上海[4]地区排烟口与本区域疏散出口相邻边缘之间的水平距离不应小于1.5m。

5 火灾时由火灾自动报警系统联动开启排烟区域的排烟阀或排烟口，应在现场设置手动开启装置。

3.4.6 当排烟口设在吊顶内且通过吊顶上部空间进行排烟时，应符合下列规定：

1 吊顶应采用不燃材料，且吊顶内不应有可燃物；

2 封闭式吊顶上设置的烟气流入口的颈部烟气速度不应大于1.5m/s；

3 非封闭式吊顶的开孔率不应小于吊顶净面积的25%，且排烟口应均匀布置。

3.4.7 对于需要设置机械排烟系统的房间，当其建筑面积小于50m² 时，房间内可不设置排烟口，可通过相邻走道排烟，排烟口可设置在疏散走道；走道应采用机械排烟，排烟量应按本措施第3.5.4条第3款计算。

【特例1】为保障洁净室的洁净度，降低医院洁净用房的院感风险，面积不大于100m² 的洁净室，其排烟口及补风口可设于与之相通的洁净走道、清洁走道等疏散走道内，走道排烟量的计算面积为走道防烟分区面积附加与之相通的最大洁净室房间面积。

【特例2】除湖南、江苏[5]、邢台、浙江[6]等当地许可的地区以外，建筑面积小于50m² 的歌舞娱乐放映游艺场所，房间内也应设置排烟口。

3.4.8 建筑走道排烟设计应满足下列要求[7]：

1 建筑高度小于等于50m的公共建筑，其走道排烟系统可以与同一防火分区中的其他防烟分区合用一个排烟系统；

2 建筑高度大于50m，小于等于100m的公共建筑，其走道机械排烟系统宜独立设置；

3 建筑高度大于100m的公共建筑，其走道机械排烟系统应独立设置。大空间无走道设计的办公建筑应对此情况作预先作考虑。

3.4.9 除地方另有规定以外，地下汽车库内配建充电设施的防火单元，其机械排烟

---

① 《建筑设计防火规范》GB 50016—2014（2018年版）第2.1.14条。

② 《地铁设计防火标准》GB 51298—2018第8.2.5条第3款。

③ 《人民防空工程设计防火规范》GB 50098—2009第6.4.2条。

④ 上海市《建筑防排烟系统设计标准》DGJ 08-88—2021第4.3.13条第5款。

⑤ 《江苏省建设工程消防设计审查验收常见技术难点问题解答》第4.2.23条。

⑥ 《浙江省消防技术规范难点问题操作技术指南（2020版）》第7.2.39条。

⑦ 上海市《建筑防排烟系统设计标准》DGJ 08-88—2021第4.3.3条。

系统不应与汽车库其他非充电设施区域共用。设置充电设施的汽车库或电动汽车库的同一防火分区内相邻防火单元可以合并使用排烟风机，系统排烟量可按一个防火单元确定，但合用不应超过两个防火单元，每个防火单元视为独立防烟分区，每一防火单元的排烟支管均应独立设置。补风系统设计详见本措施第3.6.7条。

【特例1】 甘肃①、山东②、天津③地区设置充电设施的区域，应根据独立的防火单元设置独立的排烟系统。

【特例2】 广东④地区设置充电设施的区域，应根据建筑面积不大于2000m² 设置独立的排烟和补风系统，每个系统的排烟量和补风量不小于本措施第3.5.2条表3.5.2中每个防烟分区的排烟量的1.2倍。当一个排烟系统担负两个防火单元时，每个防火单元应设置独立的干管及排烟口，并应在干管处设置排烟防火阀，排烟系统的主风管及穿越防火单元的风管，其耐火极限不应小于2h。

【特例3】 浙江⑤地区新建地下汽车库内配建充电设施的防火单元，当独立设置确有困难合用系统时，每个系统的排烟量和补风量不应小于本措施第3.5.2条表3.5.2中每个防烟分区的排烟量的1.2倍。

3.5　排烟设计计算

3.5.1 机械排烟系统的设计风量不应小于该系统计算风量的1.2倍。

【注解】 风机的风量选型应按设计风量选取，风管和风口的选型等涉及计算的部分可按计算风量选取。

【特例】 广东⑥地区支风管及风口风速根据计算风量设计，主风管按设计风量。

3.5.2 汽车库、修车库内每个防烟分区排烟风机的排烟量不应小于表3.5.2的规定⑦。

汽车库、修车库内每个防烟分区排烟风机的排烟量　　　　表3.5.2

汽车库、修车库的净高(m)	汽车库、修车库的排烟量(m³/h)	汽车库、修车库的净高(m)	汽车库、修车库的排烟量(m³/h)
3.0 及以下	30000	7.0	36000
4.0	31500	8.0	37500
5.0	33000	9.0	39000
6.0	34500	9.0 以上	40500

【注解1】 表中排烟风机的排烟量为设计排烟量。建筑空间净高位于表中两个高度之间

---

① 《甘肃省建设工程消防设计技术审查要点（建筑工程）》第5.1.8条。
② 《山东省建筑工程消防设计部分非强制性条文适用指引》第3.0.27条。
③ 《天津市电动汽车充电设施建设技术标准》DB/T 29—290—2021第4.2.3条。
④ 广东省《电动汽车充电基础设施建设技术规程》DBJ/T 15-150—2018第4.9.13条。
⑤ 《浙江省消防技术规范难点问题操作技术指南（2020版）》第7.2.41条。
⑥ 广东省《〈建筑防烟排烟系统技术标准〉（GB 51251—2017）问题释疑》第41条。
⑦ 《汽车库、修车库、停车库设计防火规范》GB 50067—2014第8.2.5条。

的，按线性插值法取值。

【注解2】每个防烟分区宜单独设排烟风机，当一台排烟风机担负车库相邻且不超过 2 个防烟分区的排烟，系统排烟量不需要叠加。且不同防火分区的排风兼排烟系统合用对外竖井时（见图 4.3.5），风井尺寸仅根据合用的排烟量进行叠加，排烟量仅考虑最大排烟系统的排烟量。车库平时送风兼消防补风系统合用管井计算风井尺寸时同理。

【特例1】甘肃①地区利用建筑物地下室的升降横移类停车库，地下室面积超过 2000m² 的应设置机械排烟系统，且换气次数不宜少于 8h⁻¹。

【特例2】上海②地区，表中的排烟量是计算排烟量，当确定系统设计排烟量时，也应满足本措施第 3.5.1 条的要求。

【特例3】山东③地区当一个排烟系统带两个及以上防烟分区时，排烟量按任意两个相邻防烟分区的排烟量之和的最大值计算。

3.5.3 中庭排烟量的设计计算应符合下列规定：

1 中庭周围场所设有排烟系统时，中庭采用机械排烟系统的，中庭排烟量应按周围场所防烟分区中最大排烟量的 2 倍计算，且不应小于 107000m³/h；中庭采用自然排烟系统时，应按上述排烟量和自然排烟窗（口）的风速不大于 0.5m/s 计算有效开窗面积（不小于 59.5m² 的有效开窗面积）且不应小于中庭地面面积的 5%。

【注解】"中庭周围场所"是指与中庭同属一个防火分区，且与中庭连通的周围有火灾危险的场所，周围场所的排烟系统包括自然和机械排烟。

2 当中庭周围场所不需设置排烟系统，仅在回廊设置排烟系统时，回廊的排烟量不应小于本措施第 3.5.4 条的规定，中庭的排烟量不应小于 40000m³/h；中庭采用自然排烟系统时，应按上述排烟量和自然排烟窗（口）的风速不大于 0.4m/s 计算有效开窗面积（不小于 27.8m² 的有效开窗面积）。

3 中庭排烟量应按本措施第 3.5.15～第 3.5.21 条的规定计算，并应满足本条第 1 款或第 2 款的最小排烟量要求。

【特例1】江苏④地区对于连通空间（开口）的最小投影面积大于 100m² 的中庭空间，其排烟量按本条的规定计算确定；对于连通空间（开口）最小投影面积小于等于 100m² 的空间，当采用机械排烟时，其系统计算排烟量可按空间容积换气次数不小于 6h⁻¹ 确定，且不应小于 40000m³/h；当采用自然排烟时，其自然排烟窗（口）有效面积应不小于中庭地面面积的 5%。

【特例2】上海⑤地区当中庭采用自然排烟方式时，应该本措施第 3.5.22 条计算有效开窗面积，并按上海地区要求取值烟气中对流放热量因子。

3.5.4 疏散走道或回廊的一个防烟分区的排烟设计应符合下列规定：

1 当与走道联通的任何面积的房间内（除机电用房及管井外）与走道或回廊均设置了排烟设施时，其走道或回廊的机械排烟量可按 60m³/(m²·h) 计算且不小于 13000m³/h，

---

① 《甘肃省建设工程消防设计技术审查要点（建筑工程）》第 5.2.4 条。
② 上海市《建筑防排烟系统设计标准》DGJ 08-88—2021 第 5.2.5 条。
③ 《山东省建筑工程消防设计部分非强制性条文适用指引》第 3.0.26 条。
④ 《江苏省建设工程消防设计审查验收常见技术难点问题解答》第 4.2.27 条。
⑤ 上海市《建筑防排烟系统设计标准》DGJ 08-88—2021 第 5.2.4 条第 3 款。

或设置有效面积不小于走道、回廊建筑面积 2% 的自然排烟窗（口）。

　　2　当仅在走道或回廊设置了排烟设施或不满足本条第 1 款的情形时，其机械排烟量仍按 60m³/(m²·h) 计算且不小于 13000m³/h，或在走道两端均设置有效面积不小于 2m² 的自然排烟窗（口）且两端自然排烟窗（口）的距离不应小于走道长度的 2/3。

　　【注解 1】走道排烟量计算与走道高度无关。

　　【注解 2】"两端"指满足整个走道（防烟分区）长度的 2/3 的距离之外的任何部位（见图 3.5.4），且自然排烟窗（口）总有效面积各满足不小于 2m²，而非走道的"长边两侧"，非"一个自然排烟窗（口）面积不小于 2m²"。

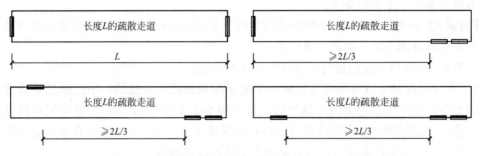

图 3.5.4　疏散走道"两端"自然排烟窗（口）示意

　　3　对于需要设置机械排烟系统的房间，当其建筑面积小于 50m² 时，若通过走道排烟，则设置在走道的排烟口机械排烟量可按走道面积加最大一个需排烟未设置排烟口的房间的面积乘以 60m³/(m²·h) 计算且不小于 15000m³/h。

　　【特例】石家庄①、浙江②地区，当该走道采用机械排烟时，其计算排烟量不应小于 20000m³/h。

　　3.5.5　除中庭和走道以外，建筑中空间净高小于等于 6m 的场所，其排烟量应按不小于 60m³/(m²·h) 计算，且取值不小于 15000m³/h，或设置有效面积不小于该房间建筑面积 2% 的自然排烟窗（口）。

　　【注解】含非机动车库、自行车库。对于地下室（或半地下室）一个防火分区内、无充电设施且与相邻场所（或部位）之间采取了防火分隔措施的非机动车库、自行车库，当采用机械排烟方式时，其防烟分区的排烟量应按不小于 60m³/(m²·h) 计算确定且不应小于 15000m³/h。

　　【特例 1】对于设有充电设施的地下室（或半地下室）内的非机动车库、电动自行车库，当采用机械排烟方式时，其防烟分区的排烟量应按不小于 90m³/(m²·h) 计算确定且不应小于 15000m³/h。

　　【特例 2】建筑高度大于 250m 的民用建筑设置自然排烟设施的场所中，自然排烟口的有效开口面积不应小于该场所地面面积的 5%③。

　　【特例 3】甘肃④地区航站楼与地铁车站、轻轨车站及公共汽车站等城市公共交通设施

① 《石家庄市消防设计审查疑难问题操作指南（2021 年版）》第 8.2.18 条。
② 《浙江省消防技术规范难点问题操作技术指南（2020 版）》第 7.2.25 条。
③ 《建筑高度大于 250 米民用建筑防火设计加强性技术要求（试行）》第二十条。
④ 《甘肃省建设工程消防设计技术审查要点（建筑工程）》第 5.6.2 条。

之间的连通空间,当采用自然排烟方式时,自然排烟口的总有效面积不应小于该区域地面面积的10%。

【特例4】上海①地区公共建筑、工业建筑中建筑空间净高小于等于6m,但面积小于等于300m²的场所,其排烟量不应小于60m³/(m²·h),最小排烟量不应小于15000m³/h;或设置有效面积不小于该房间地面面积2%的排烟窗;地下自然排烟房间须设置不小于排烟窗面积50%的自然补风口。

【特例5】上海②地区公共建筑、工业建筑中建筑空间净高小于等于6m,但面积大于300m²的场所,其计算机械排烟量可按本措施第3.5.15～3.5.21条的规定计算确定,最小排烟量不应小于30000m³/h,当储烟仓高度按0.1H'且不小于500mm时,可按表3.5.5中的数值选取;当采用自然排烟窗时,其所需排烟量及有效补风面积、排烟面积等应根据本措施第3.5.15～3.5.21条计算,并且不小于该场所地面面积的2%。

上海地区公共建筑、工业建筑中空间净高小于等于6m面积大于300m²的场所的计算排烟量

表3.5.5

空间净高 H' (m)	办公室、学校 (×10⁴m³/h)		商店、展览厅 (×10⁴m³/h)		厂房、其他公共建筑 (×10⁴m³/h)		仓库 (×10⁴m³/h)	
	无喷淋	有喷淋	无喷淋	有喷淋	无喷淋	有喷淋	无喷淋	有喷淋
3.0	7.8	2.7	12.0	4.5	9.9	3.9	21.6	5.6
4.0	9.3	3.4	13.9	5.4	11.6	4.8	24.5	6.8
5.0	10.7	4.3	15.9	6.6	13.3	5.9	27.5	8.0
6.0	12.2	5.2	17.6	7.8	15.0	7.0	30.1	9.3

注:建筑空间净高低于3.0m的,按3.0m取值;建筑空间净高位于表中两个高度之间的,按线性插值法取值,如空间净高为5.5m的无喷淋办公室,计算排烟量为$10.7+(12.2-10.7)\times\frac{5.5-5.0}{6.0-5.0}=11.45(\times10^4\text{m}^3/\text{h})$。

3.5.6 当地许可时,对于连通空间(楼面开口)最大投影面积小于等于200m²的办公、学校、住宅、厂房等功能场所中的中庭(含中庭回廊),以及建筑面积小于等于300m²、净高大于6m且不贯通(采用满足防火要求的墙体、防火玻璃等固定隔断进行完全分隔)多个楼层的门厅等空间,排烟量的设计计算应符合下列规定:

1 当采用机械排烟时,其计算排烟量可按空间体积换气次数不小于6h⁻¹确定,且不应小于40000m³/h;

2 当采用自然排烟时,其自然排烟窗(口)开启的有效面积不应小于该门厅等空间地面面积的5%。

3.5.7 人防工程自然排烟口的净面积应符合下列规定③:

1 中庭的自然排烟口净面积不应小于中庭地面面积的5%;

2 其他场所的自然排烟口净面积不应小于该防烟分区面积的2%。

3.5.8 人防工程机械排烟时,排烟风机和风管的风量计算应符合下列规定④:

---

① 上海市《建筑防排烟系统设计标准》DGJ 08-88—2021第5.2.2条第1款。
② 上海市《建筑防排烟系统设计标准》DGJ 08-88—2021第5.2.2条第2款。
③ 《人民防空工程设计防火规范》GB 50098—2009第6.1.2条。
④ 《人民防空工程设计防火规范》GB 50098—2009第6.3.1条。

1 担负一个或两个防烟分区排烟时，应按该部分面积每平方米不小于 $60m^3/h$ 计算，但排烟风机的最小排烟风量不应小于 $7200m^3/h$；

2 担负 3 个或 3 个以上防烟分区排烟时，应按其中最大防烟分区面积每平方米不小于 $120m^3/h$ 计算；

3 中庭体积小于等于 $17000m^3$ 时，排烟量应按其体积的 $6h^{-1}$ 换气计算；中庭体积大于 $17000m^3$ 时，其排烟量应按其体积的 $4h^{-1}$ 换气计算，但最小于排烟量不应小于 $102000m^3/h$。

3.5.9 物流建筑采用自然排烟时，可开启外窗的面积应符合下列规定[①]：

1 采用自动开启方式时，作业区、存储区的排烟面积应分别不小于排烟区建筑面积的 2%、4%；

2 采用手动开启方式时，作业区、存储区的排烟面积应分别不小于排烟区建筑面积的 3%、6%；

3 仓库采用设置在顶部的易熔采光带（窗）进行自然排烟时，采光带（窗）应采用可熔材料制作，采光带（窗）的面积应达到本条第 1 款规定的可开启外窗面积的 2.5 倍。

3.5.10 物流建筑室内净高度超过 6m 时，建筑室内净高度每增加 1m，排烟面积可减少 5%，但不应小于排烟区建筑面积的 1%，且存储区的排烟面积不应小于存储区建筑面积的 1.5%[②]。

3.5.11 物流建筑采用机械排烟时，每个防烟分区的排烟量应符合下列规定[③]：

1 建筑面积不大于 $500m^2$ 的物流建筑房间，其排烟量可按 $60m^3/(m^2 \cdot h)$ 计算；

2 有自动喷水灭火系统且建筑面积不大于 $2000m^2$ 的物流建筑房间，其排烟量可按 $6h^{-1}$ 换气计算且不应小于 $30000m^3/h$。

3.5.12 地铁工程排烟风机及风管的风量应符合下列规定[④]：

1 排烟量应按各防烟分区的建筑面积不小于 $60m^3/(m^2 \cdot h)$ 分别计算；

2 当防烟分区中包含轨道区时，应按列车设计火灾规模计算排烟量；

3 地下站台的排烟量除应符合本条第 1 款、第 2 款的要求外，还应保证站厅到站台的楼梯或扶梯口处具有不小于 1.5m/s 的向下气流；

4 排烟风机的风量应按所担负的防烟分区中最大一个防烟分区的排烟量、风管（道）的漏风量及其他防烟分区的排烟口或排烟阀的漏风量之和计算；

5 排烟风机的风量不应低于 $7200m^3/h$。

3.5.13 电影院观众厅计算排烟量时应以 $13h^{-1}$ 换气次数计算，或 $90m^3/(m^2 \cdot h)$ 换气标准计算，两者取其大者[⑤]。对于净高大于 6m 且建筑面积大于等于 $300m^2$ 的观众厅，应同时按本措施第 3.5.14 条的规定计算查表后，再四者取大值。

---

①《物流建筑设计规范》GB 51157—2016 第 15.7.2 条。
②《物流建筑设计规范》GB 51157—2016 第 15.7.3 条。
③《物流建筑设计规范》GB 51157—2016 第 15.7.6 条。
④《地铁设计防火标准》GB 51298—2018 第 8.2.4 条。
⑤《电影院建筑设计规范》JGJ 58—2008 第 6.1.9 条。

3.5.14　除中庭和走道以及本措施第 3.5.6～3.5.13 条的情形以外，建筑中空间净高大于 6m 的场所，其每个防烟分区排烟量应根据场所内的热释放速率以及本措施第 3.5.15～3.5.21 条的规定计算确定，且不应小于表 3.5.14-1 的数值，或设置自然排烟窗（口），其所需有效排烟面积应根据表 3.5.14-1 及自然排烟窗（口）处风速计算，并且不小于该场所地面面积的 5%。

建筑中空间净高大于 6m 场所的计算排烟量及自然排烟窗侧窗（口）部风速

表 3.5.14-1

空间净高 H' (m)	办公室、学校 ($\times10^4\mathrm{m^3/h}$)		商店、展览厅 ($\times10^4\mathrm{m^3/h}$)		厂房、其他公共建筑 ($\times10^4\mathrm{m^3/h}$)		仓库 ($\times10^4\mathrm{m^3/h}$)	
	无喷淋	有喷淋	无喷淋	有喷淋	无喷淋	有喷淋	无喷淋	有喷淋
6.0	12.2	5.2	17.6	7.8	15.0	7.0	30.1	9.3
7.0	13.9	6.3	19.6	9.1	16.8	8.2	32.8	10.8
8.0	15.8	7.4	21.8	10.6	18.9	9.6	35.4	12.4
9.0	17.8	8.7	24.2	12.2	21.1	11.1	38.5	14.2
自然排烟侧窗（口）部风速(m/s)	0.94	0.64	1.06	0.78	1.01	0.74	1.26	0.84

【注解 1】建筑空间净高大于 9.0m 的，按 9.0m 取值；建筑空间净高位于表中两个高度之间的，按线性插值法取值；表中建筑空间净高为 6m 处的各排烟量值为线性插值法的计算基准值，如空间净高为 7.5m 的无喷淋办公室，计算排烟量为 $12.2+(15.8-12.2)\times\dfrac{7.5-6.0}{8.0-6.0}=14.9$（$\times10^4\mathrm{m^3/h}$）。

【注解 2】当采用自然排烟方式时，储烟仓厚度应大于房间净高的 20%；自然排烟窗（口）面积＝计算排烟量/自然排烟量（口）处风速；当采用顶开窗排烟时，其自然排烟窗（口）的风速可按侧窗口部风速的 1.4 倍计。当同一防烟分区内同时设置顶开窗和侧开窗时，计算排烟量按顶开窗计算该区域净高，按照侧窗允许风速计算所需最小自然排烟有效面积为 A，则该防烟分区内设置的顶开窗有效面积 A_1 和侧开窗有效面积 A_2 应满足：$1.4A_1+A_2\geqslant A$。

【注解 3】除邢台地区以外，当采用屋面凸窗做自然排烟，凸窗侧面设置电动外窗或者常开百叶，其风速按"顶开窗"选取。

【注解 4】消防水炮不属于湿式自动喷水灭火系统和连续的水灭火设施。设置自动消防水炮的场所，按无喷淋场所对待。

【注解 5】学校内的展览馆展厅按表中"商店、展览厅"取值，学校内的食堂餐厅按表中的"厂房、其他公共建筑"取值。

【注解 6】净高大于 6m 空间机械排烟量的相关表格有国家标准①（表 3.5.14-1）和上海市地方标准②（表 3.5.14-2），两表中数据一致，区别在于表 3.5.14-1 适用于所有的储

---

① 《建筑防烟排烟系统设计标准》GB 51251—2017 表 4.6.3。

② 上海市《建筑防排烟系统设计标准》DGJ 08-88—2021 表 5.2.2。

烟仓厚度,而表3.5.14-2仅适用于储烟仓最小的情况;针对净高大于6m空间自然排烟量,国家标准计算后仍需按表3.5.14-1查询取大值,而上海地方标准只按计算值,不与查表值对照。根据本措施第3.2.3条,采用自然排烟方式和采用机械排烟方式时最小储烟仓厚度要求不同,根据本措施第3.5.19条,采用自然排烟方式和采用机械排烟方式时两者的烟气中对流放热因子不同,故根据本措施第3.5.15条,两者计算出的排烟量不同(以本措施第6章净高7m的展览为计算示例,采用自然排烟方式计算最大排烟量为70159m³/h,采用机械排烟方式计算最大排烟量为91249m³/h,查表值为91000m³/h)。故不论机械排烟还是自然排烟,同时与同一表格进行对照取值的规定不合理。

【特例1】长沙、广东[1]、广西[2]地区采用自动消防水炮或扩大覆盖面积喷头的区域可以按有喷淋确定排烟量。

【特例2】上海[3]地区公共建筑、工业建筑中建筑空间大于6m,但面积小于等于300m²的场所,其排烟量不应小于60m³/(m²·h),最小排烟量不应小于15000m³/h;或设置有效面积不小于该房间地面面积2%的排烟窗;地下自然排烟房间须设置不小于排烟窗面积50%的自然补风口。

【特例3】上海[4]地区公共建筑、工业建筑中建筑空间净高大于6m,但面积大于300m²的场所,其计算机械排烟量可按本措施第3.5.15~3.5.21条的规定计算确定,最小排烟量不应小于30000m³/h,当储烟仓高度按$0.1H'$且不小于500mm时,可按表3.5.14-2中的数值选取;当采用自然排烟窗时,其所需排烟量及有效补风面积、排烟面积等应根据本措施第3.5.15~3.5.21条计算,并且不小于该场所地面面积的2%。

上海地区公共建筑、工业建筑中空间净高大丁6m面积大于300m²的场所的计算排烟量

表3.5.14-2

空间净高 H' (m)	办公室、学校 (×10⁴m³/h)		商店、展览厅 (×10⁴m³/h)		厂房、其他公共建筑 (×10⁴m³/h)		仓库 (×10⁴m³/h)	
	无喷淋	有喷淋	无喷淋	有喷淋	无喷淋	有喷淋	无喷淋	有喷淋
6.0	12.2	5.2	17.6	7.8	15.0	7.0	30.1	9.3
7.0	13.9	6.3	19.6	9.1	16.8	8.2	32.8	10.8
8.0	15.8	7.4	21.8	10.6	18.9	9.6	35.4	12.4
9.0	17.8	8.7	24.2	12.2	21.1	11.1	38.5	14.2

注:建筑空间净高高于9.0m的,按9.0m取值;建筑空间净高位于表中两个高度之间的,按线性插值法取值;如空间净高为7.5m的无喷淋办公室,计算排烟量为$13.9+(15.8-13.9)\times\frac{7.5-7.0}{8.0-7.0}=14.85(\times10^4\mathrm{m}^3/\mathrm{h})$。

【特例4】石家庄[5]地区净高大于6m的场所(高大空间)的排烟量,可根据计算值确定,设计中要明确清晰高度的选取高度,不必与表3.5.14-1规定的排烟量比较取大值。

---

① 广东省《〈建筑防烟排烟系统技术标准〉GB 51251—2017问题释疑》第一条第35款。
② 广西制冷学会《〈建筑防烟排烟系统技术标准〉问题释疑》第32条。
③ 上海市《建筑防排烟系统设计标准》DGJ 08-88—2021第5.2.2条第1款。
④ 上海市《建筑防排烟系统设计标准》DGJ 08-88—2021第5.2.2条第2款。
⑤ 《石家庄市消防设计审查疑难问题操作指南(2021年版)》第8.2.26条。

【特例5】中国工程建设标准化协会标准规定自然排烟窗的有效排烟面积不应小于其设置场所地面面积的 25%[①]。

3.5.15 除以上规定的场所外，其他场所的排烟量或自然排烟窗（口）面积应按照烟羽流类型，根据火灾热释放速率、清晰高度、烟羽流质量流量及烟羽流温度等参数计算确定。每个防烟分区排烟量 V 应按下列公式计算：

$$V = 3600 M_p T / \rho_0 T_0 \qquad (3.5.15\text{-}1)$$

$$T = T_0 + \Delta T \qquad (3.5.15\text{-}2)$$

式中：V——排烟量（m^3/h）；

M_p——烟羽流质量流量（kg/s），按第 3.5.16 条计算。

T——烟层的平均绝对温度（K）；

T_0——环境的绝对温度（K），通常 $T_0 = 293.15K$；

ΔT——烟层的平均温度与环境温度的差（K），按第 3.5.18 条计算；

ρ_0——环境温度下的气体密度（kg/m^3），通常 $\rho_0 = 1.2kg/m^3$。

3.5.16 烟羽流质量流量计算 M_p 应符合下列规定：

1 轴对称型烟羽流：

$$Z_1 = 0.166 Q_c^{\frac{2}{5}} \qquad (3.5.16\text{-}1)$$

当 $Z > Z_1$ 时

$$M_p = 0.071 Q_c^{\frac{1}{3}} Z^{\frac{5}{3}} + 0.0018 Q_c \qquad (3.5.16\text{-}2)$$

当 $Z \leq Z_1$ 时

$$M_p = 0.032 Q_c^{\frac{3}{5}} Z \qquad (3.5.16\text{-}3)$$

式中：Z_1——火焰极限高度（m）；

Q_c——热释放速率的对流部分，一般取值为 $Q_c = 0.7Q$（kW），Q 按第 3.5.17 条计算；

Z——燃料面到烟层底部的高度（m）（取值应大于等于最小清晰高度与燃料面高度之差），详见表 1.2.25；

M_p——烟羽流质量流量（kg/s）。

【注解】当房间净高不大于 6m 时，其燃料面距地高度可按 0 取值；当房间净高大于 6m 时，燃料面距地高度宜按燃料着火面实际高度取值，如燃料面高度不确定的，则可按 1m 取值；或者根据室内状况，无固定座位时按 0 取值，有固定座位时按 1m 取值。

2 阳台溢出型烟羽流：

$$M_p = 0.36 (QW^2)^{\frac{1}{3}} (Z_b + 0.25 H_1) \qquad (3.5.16\text{-}4)$$

$$W = w + b \qquad (3.5.16\text{-}5)$$

式中：Q——火灾热释放速率（kW），按第 3.5.17 条计算；

W——烟羽流扩散宽度（m）；

Z_b——从阳台下缘至烟层底部的高度（m），详见表 1.2.25；

---

① 《自然排烟窗技术规程》T/CECSB 84—2021 第 3.0.21 条。

H_1——燃料面至阳台的高度（m）；

w——火源区域的开口宽度（m）；

b——从开口至阳台边沿的距离（m），$b \neq 0$。

3 窗口型烟羽流

$$M_p = 0.68(A_w H_w^{\frac{1}{2}})^{\frac{1}{3}}(Z_w + \alpha_w)^{\frac{5}{3}} + 1.59 A_w H_w^{\frac{1}{2}} \qquad (3.5.16\text{-}6)$$

$$\alpha_w = 2.4 A_w^{\frac{2}{5}} H_w^{\frac{1}{5}} - 2.1 H_w \qquad (3.5.16\text{-}7)$$

式中：A_w——窗口开口的面积（m²）；

H_w——窗口开口的高度（m）；

Z_w——窗口开口的顶部到烟层底部的高度（m），详见表1.2.25；

α_w——燃料面至阳台的高度（m）。

3.5.17 各类场所的火灾热释放速率 Q 不应小于表3.5.17规定的值。

火灾达到稳态时的热释放速率 表3.5.17

建筑类别	热释放速率 Q(MW)	
	无喷淋	有喷淋
办公室、教室、客房、走道	6.0	1.5
商店、展览厅	10.0	3.0
其他公共场所	8.0	2.5
汽车库、非机动车库、自行车库	3.0	1.5
厂房	8.0	2.5
仓库	20.0	4.0

【注解1】 设置自动喷水灭火系统（简称喷淋）的场所，其室内净高大于8m时，应按无喷淋场所对待。如果房间按照高大空间场所设计的湿式灭火系统，加大了喷水强度，调整了喷头间距要求，其允许最大净空高度可以加大到12～18m。因此，当室内净空高不高于18m，且采用了前述有效喷淋灭火措施时，该火灾热释放速率可以按有喷淋取值。

【注解2】 消防水炮不属于湿式自动喷水灭火系统和连续的水灭火设施。设置自动消防水炮的场所，按无喷淋场所对待。

【特例】 长沙、广东[①]、广西[②]地区采用自动消防水炮或扩大覆盖面积喷头的区域可以按有喷淋确定排烟量。

3.5.18 当储烟仓的烟层平均温度与周围空气的环境温度温差小于15℃时，应通过降低排烟口的位置等措施重新调整排烟设计。烟层平均温度与环境温度的差 ΔT 应按下式计算：

$$\Delta T = KQ_c / M_p C_p \qquad (3.5.18)$$

式中：ΔT——烟层的平均温度与环境温度的差（K），<u>计算要求校核温度差不超过260K</u>；

C_p——空气的定压比热[kJ/（kg·K）]，一般取 $C_p = 1.01$kJ/（kg·K）；

---

① 广东省《〈建筑防烟排烟系统技术标准〉GB 51251—2017问题释疑》第一条第35款。

② 广西制冷学会《〈建筑防烟排烟系统技术标准〉问题释疑》第32条。

K——烟气中对流放热量因子。当采用机械排烟时，取 $K=1.0$；当采用自然排烟时，取 $K=0.5$。

【特例】上海[①]地区烟气中对流放热量因子不论机械排烟还是自然排烟统一取 $K=1.0$。

3.5.19 建筑室内空间的最小清晰高度应满足下式：

$$H_q=1.6+0.1H' \tag{3.5.19-1}$$

式中：H_q——最小清晰高度（m）；

H'——净高，对于单层空间，取排烟空间的建筑净高（m）；对于多层空间，取最高疏散楼层的净高（m）。

【注解】非平顶的室内净高取值原则按第 1.2.21 条的规定执行；不同标高平顶的室内空间（局部装饰造型除外）宜划分不同的防烟分区，如在同一防烟分区，计算最小清晰高度和排烟量时净高按高处取值，如图 1.1.7（d）所示。

【特例1】对于净高小于等于4m的汽车库及自行车库或机动车库或设备用房、净高与宽度均小于等于4m的走道以及净高小于等于3m的其他房间，最小清晰高度为其净高的1/2。

【特例2】公共建筑和工业建筑中的高大空间，对于非阶梯式（水平）地面的场所，其设计清晰高度的取值应在最小清晰高度的基础上增加不小于 1.0m。

【特例3】上海[②]地区采用机械排烟方式首层公共建筑疏散楼梯的扩大前室采用机械排烟方式，净高大于3.6m时，其设计烟层底部高度 Z 应满足下式要求：

$$Z\geqslant2.0+0.2H' \tag{3.5.19-2}$$

3.5.20 机械排烟口的风速不应大于10m/s且每个机械排烟口的排烟量不应大于最大允许排烟量 V_{max}，最大允许排烟量 V_{max} 应按下式计算：

$$V_{max}=14976\cdot\gamma\cdot d_b^{\frac{5}{2}}\left(\frac{T-T_0}{T_0}\right)^{\frac{1}{2}} \tag{3.5.20-1}$$

式中：V_{max}——排烟口最大允许排烟量（m^3/h）；

γ——排烟位置系数；当风口中心点到最近墙体的距离大于等于排烟口当量直径的2倍时，γ 取 1.0；当风口中心点到最近墙体的距离小于排烟口当量直径的2倍时，γ 取 0.5；当吸入口位于墙体上时，γ 取 0.5；

d_b——排烟系统吸入口最低点之下烟气层厚度（m），如图 3.5.20 所示；

T——烟层的平均温度（K）；

T_0——环境的绝对温度（K）。

【注解1】对于侧排烟口，图 3.5.20 中 d_b 为侧排烟口底部之下烟气层的厚度，而国家标准[③]图 16 中为侧排烟口中部之下烟气层的厚度，与 d_b 定义不符。

【注解2】矩形排烟口的当量直径按下式计算（圆形排烟口当量直径为圆直径）：

$$D=4AB/[2(A+B)]=2AB/(A+B) \tag{3.5.20-2}$$

式中：D——矩形排烟口当量直径（m）；

① 上海市《建筑防排烟系统设计标准》DGJ 08-88—2021 第 5.2.11 条。
② 上海市《建筑防排烟系统设计标准》DGJ 08-88—2021 第 5.2.2 条第 5 款。
③ 《建筑防烟排烟系统设计标准》GB 51251—2017 第 4.6.14 条。

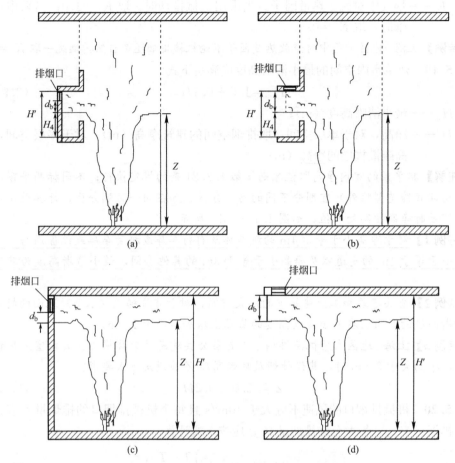

图 3.5.20　排烟口底部烟气层厚度示意图

（a）侧排烟；（b）顶排烟；（c）侧排烟；（d）顶排烟

A、B——矩形排烟宽度和高度（m）。

【特例1】对于净高小于等于4m的汽车库及自行车库或机动车库或设备用房、净高与宽度均小于等于4m的走道以及净高小于等于3m的其他房间，可不计算单个机械排烟最大允许排烟量，仅需满足机械排烟口的风速不应大于10m/s。

【特例2】洁净区域机械排烟系统的单个排烟口可不计算单个机械排烟最大允许排烟量，仅需满足机械排烟口的风速不应大于10m/s。

【特例3】当排烟口设在吊顶内且通过吊顶上部空间进行排烟时，封闭式吊顶上设置的烟气流入口的颈部烟气速度还不应大于1.5m/s。

【特例4】地铁建筑设计时排烟口的风速不宜大于7m/s[1]。

3.5.21　一个防烟分区内多个机械排烟口边缘之间的最小距离 S_{min} 应满足以下要求[2]：

---

[1]　《地铁设计防火标准》GB 51298—2018 第8.2.5条第4款。

[2]　《NFPA92 Standard for Smoke Control System》（2018 Edition）第5.6.9条。

$$S_{\min} = 900 \cdot (V_e/3600)^{\frac{1}{2}} \tag{3.5.21}$$

式中：$S_{\min}$——多个机械排烟口边缘之间的最小距离（mm）；

V_e——一个排烟口的排烟量（m³/h）。

3.5.22 采用自然排烟方式所需自然排烟窗（口）<u>有效截面积</u>宜按下式计算：

$$A_v C_v = \frac{M_\rho}{\rho_0} \left[\frac{T^2 + (A_v C_v / A_0 C_0)^2 T T_0}{2 g d_b \Delta T T_0} \right]^{\frac{1}{2}} \tag{3.5.22}$$

式中：A_v——自然排烟窗（口）截面积（m²）；

A_0——所有进气口总面积（m²）；

C_v——自然排烟窗（口）流量系数（通常选定在 0.5～0.7 之间）；

C_0——进气口流量系数（通常选定在 0.6）；

g——重力加速度（m/s²），取 $g = 9.8$ m/s²。

【注解1】 公式中的 $A_v C_v$ 在计算时应采用试算法，计算示例详见本措施第 6.1.4 条。

【注解2】 自然排烟侧窗面积计算时，d_b 的计算取值（建议不小于 0.2m）、排烟窗面积 h_p（m²）和补风窗面积 h_j（m²）的计算取值可按表 3.5.22 取值。

自然排烟窗 d_b 取值示意　　　　　　　　　　　　　表 3.5.22

房间净高 H'	开窗底部高度低于设计清晰高度或净高的一半	开窗底部高度等于设计清晰高度或净高的一半	开窗底部高度高于设计清晰高度或净高的一半
大于 3m	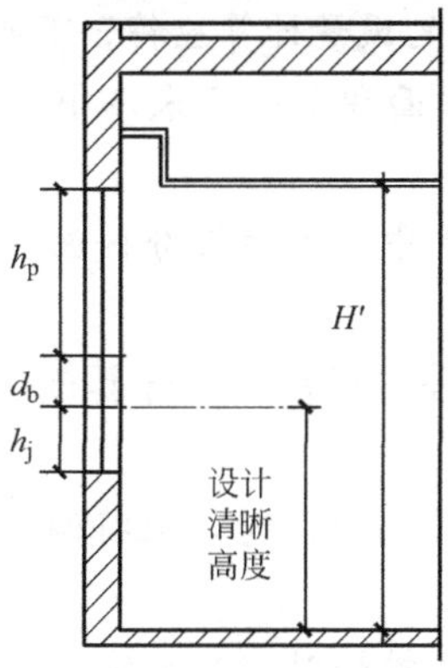	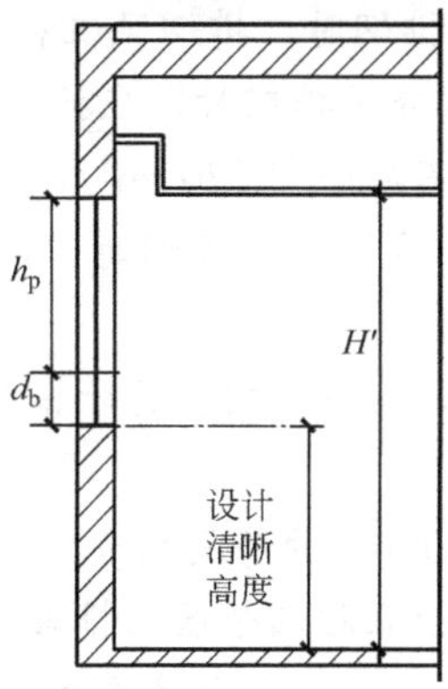	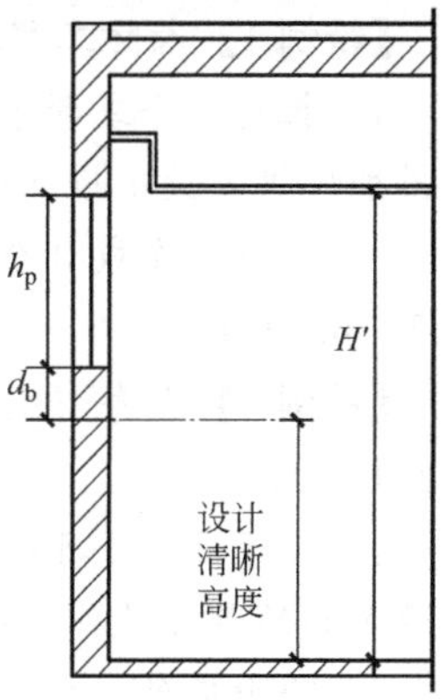
小于等于 3m	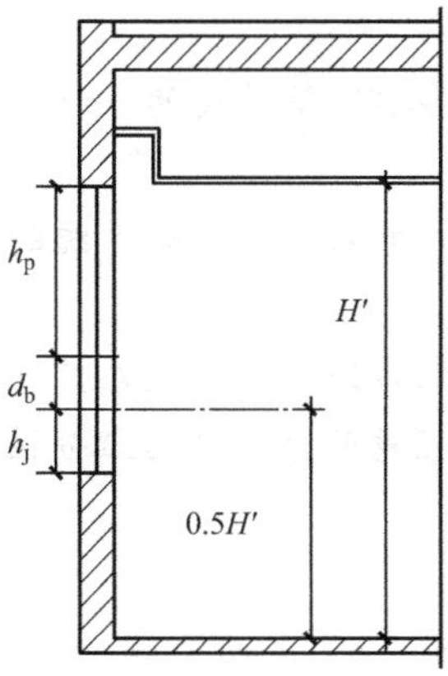	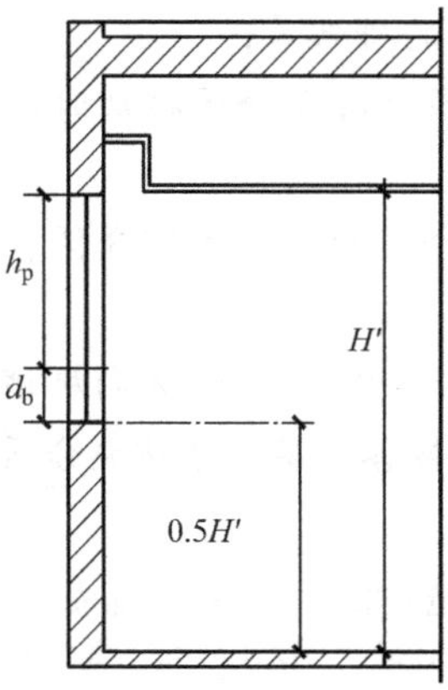	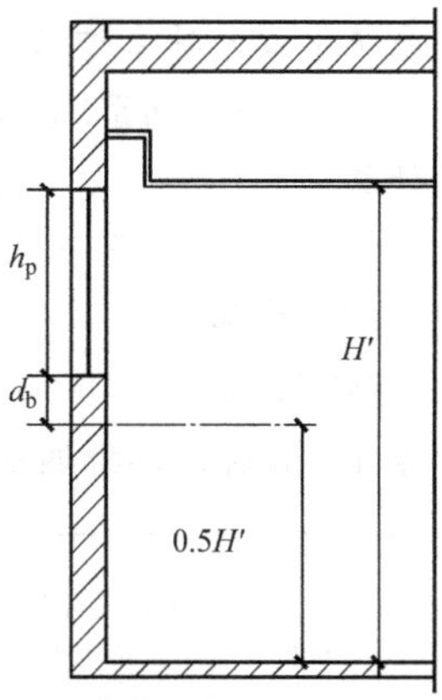

3.5.23 当一个排烟系统担负多个防烟分区排烟时，其系统排烟量的计算应符合下列规定：

1 当系统负担具有相同净高场所时，对于建筑空间净高大于 6m 的场所，应按排烟量最大的一个防烟分区的排烟量计算；对于建筑空间净高为 6m 及以下的场所，应按任意两个相邻防烟分区的排烟量之和的最大值计算。

2 当系统负担具有不同净高场所时，应采用上述方法对系统中每个场所所需的排烟量进行计算，并取其中的最大值作为系统排烟量。

【注解 1】"相同净高"是指一个排烟系统所承担的多个防烟分区的建筑空间净高均大于 6m，或均小于等于 6m（净高可以不一致）；"不同净高"是指一个排烟系统所承担的多个防烟分区的建筑空间净高，其中部分防烟分区的净高大于 6m，部分防烟分区的净高小于等于 6m。不同净高的区域可划分不同防烟分区，当划分为同一防烟分区时，排烟量按最不利计算，无需叠加。各防烟分区排烟量相差较大时可以合用一套排烟系统。计算示例详见本措施第 6.1.3 条，但有条件时宜分设系统或采用多台排烟风机并联的形式。

【注解 2】当竖向排烟系统负担多个楼层，且每个楼层为不同防火分区、每层仅负担一个防烟分区时，系统计算排烟量按各防烟分区计算排烟量的最大值取值。

【注解 3】某些建筑的宴会厅或大报告厅中会有活动隔断，排烟设计时无论是大空间使用还是临时分隔成几个小间，都要满足本措施对于排烟设计要求，补风只考虑一处着火点，有需要时可在活动隔断的位置设置挡烟垂壁划分防烟分区。

【特例 1】人防工程机械排烟时，排烟风机和风管的风量计算应符合下列规定[①]：

1 担负一个或两个防烟分区排烟时，应按该部分面积每平方米不小于 60m³/h 计算，但排烟风机的最小排烟风量不应小于 7200m³/h；

2 担负 3 个或 3 个以上防烟分区排烟时，应按其中最大防烟分区面积每平方米不小于 120m³/h 计算。

【特例 2】上海[②]地区排烟系统排烟量的计算应符合下列规定（计算示例详见本措施第 6.2.1 条）：

1 对于面积小于等于 300m² 的房间划分为多个防烟分区时，应将两相邻防烟分区排烟量之和的最大值作为一个独立防烟分区的排烟量；

2 除中庭外，当一个排烟系统担负多个防烟分区排烟时，其系统计算排烟量应采用该系统中最大独立防烟分区的排烟量；

3 一个排烟系统负担多个防火分区排烟时，应按排烟量最大的一个防火分区的排烟量计算；

4 当走道与同一防火分区的其他防烟分区合用排烟系统时，该系统的排烟量应将走道排烟量叠加。

【特例 3】石家庄[③]和浙江[④]地区对于竖向机械排烟系统，当各楼层建筑空间净高均小于等于 6m 时，其排烟量应按各楼层一个防火分区中任意两个相邻防烟分区排烟量之和的

---

①《人民防空工程设计防火规范》GB 50098—2009 第 6.3.1 条。
②上海市《建筑防排烟系统设计标准》DGJ 08-88—2021 第 5.2.3 条。
③《石家庄市消防设计审查疑难问题操作指南（2021 年版）》第 8.2.23 条。
④《浙江省消防技术规范难点问题操作技术指南（2020 版）》第 7.2.34 条。

最大值计算；当每层（一个防火分区）的排烟量计算仅涉及一个防烟分区时，系统的计算排烟量应按各楼层中最大一个防烟分区的排烟量与其他楼层关闭的排烟口（排烟阀）的漏风量之和计算。排烟口（排烟阀）的漏风量按如下要求计算①：

1 在环境温度下，使防火阀或排烟防火阀叶片两侧保持 $300\pm15Pa$ 的气体静压差，其单位面积上的漏风量（标准状态）应不大于 $500m^3/(m^2\cdot h)$；

2 在环境温度下，使排烟阀叶片两侧保持 $1000Pa\pm15Pa$ 的气体静压差，其单位面积上的漏风量（标准状态）应不大于 $700m^3/(m^2\cdot h)$。

3.5.24 当排烟管道内壁为金属时，设计风速不应大于 20m/s；当排烟管道内壁为非金属时，设计风速不应大于 15m/s。

【注解1】 当排烟系统负担多个防烟分区时，排烟管道总管支管设计风速都按不应大于 20m/s 或 15m/s 控制。支管和风口按末端防烟分区所需排烟量计算风速，干管按其所负担的防烟分区计算排烟量计算风速，总管按系统计算排烟量计算风速。

【注解2】 根据系统排烟量及风管内风速，可计算排烟管井所需面积。方案阶段平面布置时，表3.5.24中管井面积提资供参考。

机械排烟管井净尺寸及净面积提资参考表　　　　　表 3.5.24

承担排烟部位	设计排烟量 （m³/h）	管井最合理净尺寸 （m×m）	方案阶段估算管井 净面积（m²）
走道	15600	0.8×0.6	0.5
房间（不大于250m²）	36000	1.5×0.6	0.9
房间（250～350m²）或中庭 （周围场所无需设置排烟）	46000	1.8×0.7	1.3
房间（350～500m²）	72000	1.8×1.0	1.8
净高大于6m高大空间或中庭 （周围场所需要设置排烟）	130000	2.2×1.1	2.5

注：1 土建管井短边尺寸一般不应小于500mm。铁皮风管与土建管井边缘距离按100mm。
　　2 管井净面积为扣除梁后的面积。
　　3 系统按横向带多个防烟分区考虑。

3.6 补风系统设计

3.6.1 除地上建筑的走道、地上建筑面积小于 $500m^2$ 的房间外，设置排烟系统的场所应设置补风系统。

【注解1】 根据空气流动的原理，机械排烟和自然排烟必须要有补风才能排出烟气。对于建筑地上部分的走道和小于 $500m^2$ 的房间，由于这些场所的面积较小，可以利用建筑的各种缝隙，满足排烟系统所需的补风量，为了方便系统管理和减少工程投入，可不必专门为这些场所设置补风系统。但对于内区密闭房间，设置机械排烟口时应设置直接或间接补风系统。地下自然排烟房间应同时设置补风。

① 《建筑通风和排烟系统用防火阀门》GB 15930—2007 第6.11.1～6.11.2条。

【注解2】 机械排烟系统可采用机械补风或自然补风方式，自然排烟系统应采用自然补风方式，避免造成烟气扩散、火灾蔓延。

【特例1】 医药工业洁净厂房设置机械排烟时，不论面积大小，皆应同时设置补风系统[①]。

【特例2】 上海[②]地区当房间面积大于300m² 且小于500m² 时，应核算该房间门或窗的补风风速不大于3m/s。

【特例3】 山东[③]地区工业建筑采用自然排烟时，需要考虑补风，补风口应设置在室内1/2高度以下，且不高于10m。

【特例4】 中国工程建设标准化协会标准规定设置自然排烟窗场所当采用机械补风时，其补风风口的风速不宜大于5m/s，补风量不应小于所在空间的防烟分区中最大排烟量的50%且不应大于所在空间的防烟分区中最小计算排烟量的70%[④]。

3.6.2 补风系统应直接从室外引入空气，补风系统补风量不应小于排烟量的50%。补风系统可采用疏散外门、手动或自动可开启外窗等自然补风方式以及机械补风方式。防火卷帘、防火门、防火窗不得用作补风设施。

【注解1】 补风系统的补风量必须满足火灾时排烟房间内负压，即补风量不应超过排烟量，且宜小于排烟量的80%～90%。"补风系统补风量不小于排烟量的50%"指设置补风系统的防烟分区内补风口补风量不小于相应排烟口排烟量的50%，且补风机的补风量不小于相应排烟风机排风量的50%。当排烟系统担负多个防烟分区时，即补风量按排烟系统中排烟量最大的防烟分区计算。

【注解2】 补风系统可采用自然进风与机械送风相结合的混合方式，优先采用自然补风方式。

【注解3】 疏散外门可以作为自然补风口，但对外的防火门不得作为自然补风口，防火门装有闭门器，火灾时能自动关闭门扇。

【注解4】 对于地上建筑，当房间建筑面积大于等于500m²，不论其采用机械排烟还是自然排烟，均应设置直接补风设施；设置了排烟口且房间门为防火门的地上无窗房间，也应设置补风设施，可通过相连的走道补风，但走道应有直接补风设施。对于地下建筑，当房间建筑面积大于等于200m² 时，房间应设置直接补风设施；当房间建筑面积小于200m² 且设置了排烟口时，房间也应设置补风设施，可直接补风，或通过相连的走道间接补风，走道应设有直接补风设施。

【注解5】 地下汽车库防火分区内的消防补风量可以只按照最大的一个防烟分区设计计算，即消防补风量不小于最大防烟分区排烟量的50%。一般情况下，与坡道出入口直接相连的防火分区，若出入口未设置防火卷帘的情况下，坡道出入口可直接作为本防火分区的消防补风口，地下一层便于在顶板开采光通风窗井的防火分区，也可以通过补风井或采光通风井作为自然补风口，每个防烟分区的自然补风窗井有效进风面积建议不小于4.5m²，通过挡烟垂壁分隔的两个防烟分区可以共用一个有效进风面积不小于4.5m² 的自然补风窗

① 《医药工业洁净厂房设计标准》GB 50457—2019 第9.2.18条第3款。
② 上海市《建筑防排烟系统设计标准》DGJ 08-88—2021 第4.4.1条。
③ 《山东省建筑工程消防设计部分非强制性条文适用指引》第3.0.31条。
④ 《自然排烟窗技术规程》T/CECS 884—2021 第3.0.9条第3款。

井，且根据本措施第4.4.3条，补风窗井设置挡烟垂壁以保证同一防烟分区内补风至储烟仓下。

【注解6】地上建筑的防火分区无直接对外的开口或开口面积不满足本措施第3.6.5条的要求时，设置机械排烟的区域应设置机械补风系统。

【注解7】通过直通室外的门斗自然补风，可视为"直接从室外引入空气"。

【注解8】地下室可以通过窗井自然补风。

【特例1】设置在四层及以上楼层、地下或半地下室的歌舞娱乐放映游艺场所设置排烟口时均应设置直接补风设施。

【特例2】对于建筑面积小于500m²但室内比较封闭（无窗）且人员密集的影厅、报告厅、多功能厅等场所，当设置有机械排烟系统时，宜设置直接补风系统，自然补风应直接来自室外。

【特例3】人防工程①和地铁工程②排烟区应采取补风措施，并应符合下列规定：

1　当补风通路的空气总阻力不大于50Pa时，可采用自然补风方式，但应保证火灾时补风通道畅通；

2　当补风通路的空气总阻力大于50Pa时，应采用机械补风方式，且机械补风的风量不应小于排烟风量的50%，不应大于排烟量。

【特例4】江西地区对于同一建筑空间相邻的两个防烟分区采用不同排烟方式时，设有机械排烟系统的防烟分区应在本防烟分区设置补风措施。

【特例5】上海③地区对于地下部分不大于100m²的房间，可以通过走道和房间门窗补风，但这些门窗不得采用防火门和防火窗。对于地下部分大于等于100m²的房间，应设置直接补风设施。

【特例6】石家庄④地区对于地下建筑，当房间面积大于等于50m²时，房间应直接补风；当房间面积小于50m²时，可通过相连的走道补风，但走道应有直接补风设施。

【特例7】浙江⑤地区和石家庄⑥地区地上建筑面积小于500m²但大于300m²且空间净高大于6m时，不论采用机械排烟还是自然排烟，均应设置直接补风设施。

3.6.3　机械补风系统应和机械排烟系统对应设置，联动开启或关闭。

【注解1】系统补风量与系统排烟量相对应，补风口补风量与相应防烟分区排烟量对应。

【注解2】补风机与排烟风机宜一一对应设置，排烟风机停止运行时，对应的补风机应连锁停止运行。若同一防火分区内有A、B、C、D、E五个防烟分区，机械排烟系统1负担防烟分区A、B、C，机械排烟系统2负担防烟分区D、E，则优先设置机械补风系统1对应机械排烟系统1、机械补风系统2对应机械排烟系统2，当条件限制仅设置机械补风系统1同时对应机械排烟系统1和机械排烟系统2时，补风量应按本措施第3.6.2条分别

① 《人民防空工程设计防火规范》GB 50098—2009第6.3.2条。
② 《地铁设计防火标准》GB 51298—2018第8.2.6条。
③ 上海市《建筑防排烟系统设计标准》DGJ 08-88—2021第4.4.1条。
④ 《石家庄市消防设计审查疑难问题操作指南（2021年版）》第8.2.21条。
⑤ 《浙江省消防技术规范难点问题操作技术指南（2020版）》第7.2.27条。
⑥ 《石家庄市消防设计审查疑难问题操作指南（2021年版）》第8.2.21条。

满足两个机械排烟系统的要求。也可以设置两个机械送风系统分别对应机械排烟系统 2 中的两个防烟分区，但不应设置 1 个机械补风系统对应 B、C、D 或者 A、D、E 等，示例情况如表 3.6.3 所示。

机械补风系统与机械排烟系统对应情况示例表　　　　　　表 3.6.3

同一个防火分区	机械排烟系统设置情况举例	机械补风系统优先设置情况	机械补风系统允许设置情况举例	机械补风系统条件限制时设置情况举例	机械补风系统不应设置情况举例
防烟分区 A	机械排烟系统 1	机械补风系统 1	机械补风系统 1	机械补风系统 1	机械补风系统 1
防烟分区 B					
防烟分区 C					
防烟分区 D	机械排烟系统 2	机械补风系统 2	机械补风系统 2		机械补风系统 2
防烟分区 E			机械补风系统 3		

【特例】长沙地区和广东[①]地区补风机与排烟风机需一一对应设置，即表 3.6.3 中仅"机械补风系统优先设置情况"满足要求。

3.6.4　消防补风口底部距地不宜小于 500mm。

3.6.5　机械补风口的风速不应大于 10m/s，人员密集场所补风口的风速不应大于 5m/s；自然补风口和竖井补风时的风速不应大于 3m/s，且不应小于所在防烟分区计算总自然排烟有效面积的 1/2。

3.6.6　补风系统消防补风机可采用轴流风机、混流风机或中、低压离心风机等，其设置应符合下列规定：

1　补风机应设置在专用机房内；

2　机房内不得设有用于排烟和事故通风的风机与管道；

3　当消防补风机独立布置受条件限制时，可以与机械加压送风机或空调通风机合用机房，机房内应设有自动喷水灭火系统。

3.6.7　除地方另有规定以外，电动汽车库的防火单元补风系统宜独立设置，当独立设置确有困难时，可以通过防火风口从相邻防火单元补入（相邻的防火单元采用机械补风或直接由室外自然补风），自然补风风速不应大于 3m/s。

【特例 1】甘肃[②]、山东[③]、天津[④]地区设置充电设施的区域，应根据独立的防火单元设置独立的排烟和补风系统。

【特例 2】贵州[⑤]、湖南、四川[⑥]、重庆[⑥]、云南[⑦]地区机械补风系统或利用直通室外车道、顶板开采光天井的自然补风（直接从室外取新风）均应补到每个防火单元，不可采用

---

① 广东省《〈建筑防烟排烟系统技术标准〉（GB 51251—2017）问题释疑》第 3 条第 51 款。

② 《甘肃省建设工程消防设计技术审查要点（建筑工程）》第 5.1.8 条。

③ 《山东省建筑工程消防设计部分非强制性条文适用指引》第 3.0.27 条。

④ 《天津市电动汽车充电设施建设技术标准》DB/T 29—290—2021 第 4.2.3 条。

⑤ 《贵州省消防技术规范疑难问题技术指南（2022 年版）》第 3.2.17 条。

⑥ 《川渝地区建筑防烟排烟技术指南（试行）》第四十三条。

⑦ 《云南省建设工程消防技术导则——建筑篇（试行）》第 6.1.14 条。

墙上设 70℃ 自动熔断关闭的防火风口从另一防火单元取风的方式。

3.6.8 消防补风系统的设计风量不应小于该系统计算风量的 1.2 倍。

【注解】 消防补风风机的风量选型应按设计风量选取，风管和风口的选型等涉及计算的部分可按计算风量选取。

【特例】 广东①地区支风管及风口风速根据计算风量设计，主风管按设计风量。

3.7 排烟及补风系统控制

3.7.1 排烟风机、补风机的控制方式应符合下列规定：

1 现场手动启动，如图 3.7.1（a）所示。

【注解】 现场手动启动是指"机房内的现场"，不是火灾现场，一般是设置在机房内的风机控制箱上。如果控制箱不在就地，那么就地另设手动启动按钮。

2 通过火灾自动报警系统自动启动。

3 消防控制室手动启动，如图 3.7.1（b）所示。

4 系统中任一排烟阀或排烟口开启时，排烟风机、补风机自动启动。

5 排烟风机入口处的排烟防火阀在 280℃ 时应能自行关闭，并应连锁关闭排烟风机和补风机、电动补风口和电动窗，运行故障信号应返回联动控制器。

【注解】 除排烟风机入口处的排烟阀以外，所有排烟支管处的排烟防火阀在 280℃ 时自行关闭后，再连锁关闭风机。

【特例 1】 排烟风机停止运行时，对应的补风机应连锁停止运行。一个防火分区分为两个防烟分区，当每个防烟分区分别设一台排烟风机，两个防烟分区共用一台补风机时，即因火灾蔓延当两台排烟风机皆运行后，仅其中一台排烟风机关闭而另一台排烟风机仍运行时，该补风机仅作为另一台排烟风机的对应补风机，无需连锁关闭，只有两台排烟风机都停止才能连锁关闭补风机。

【特例 2】 汽车库、修车库和停车库区域在穿过不同防烟分区的排烟支管上的排烟防火阀应连锁关闭相应的排烟风机②。但注意此条是指风管上设置，而非穿越防烟分区分隔处，一般风管在出机房时已设置有排烟防火阀时，则不需要重复设置。

6 不得采用变频调速器控制③。

3.7.2 机械排烟系统中的常闭排烟阀或排烟口应具有火灾自动报警系统自动开启、消防控制室手动开启和现场手动开启功能，如图 3.7.2 所示，其开启信号应与排烟风机联动。自然排烟系统中的常闭电动排烟窗应具有火灾自动报警系统自动开启和现场手动开启功能。当火灾确认后，火灾自动报警系统应在 15s 内联动开启相应防烟分区的全部排烟阀、排烟口、排烟风机和补风设施，并应在 30s 内自动关闭与排烟无关的通风、空调系统。

【特例】 对于仅承担一个防烟分区排烟且全部采用常开排烟口的机械排烟系统，如汽

---

① 广东省《〈建筑防烟排烟系统技术标准〉（GB 51251—2017）问题释疑》第一条第 41 款。

② 《汽车库、修车库、停车库设计防火规范》GB 50067—2014 第 8.2.8 条。

③ 《民用建筑电气设计标准》GB 51348—2019 第 13.7.6 条。

(a)　　　　　　　　　　　　　(b)

图 3.7.1　消防风机手动控制装置现场图

(a) 消防风机现场手动启动装置；(b) 消防风机消防控制室手动启动装置

图 3.7.2　常闭排烟阀手动开启及复位执行器现场图

车库排风兼排烟系统，可不设常闭排烟阀及其信号反馈功能和常闭排烟阀的手动开启装置，但应由火灾报警信号联动启动排烟风机。但河南地区需要在该系统适当位置设置至少一个常闭排烟阀（口）或手动启动按钮。

3.7.3　当火灾确认后，担负两个及以上防烟分区的排烟系统，应仅打开着火防烟分区的排烟阀或排烟口，其他防烟分区的排烟阀或排烟口应呈关闭状态。

【注解 1】建筑内同一时间内的火灾起数可按 1 起确定[①]。发生火灾时只对着火的防烟分区进行排烟。

【注解 2】担负两个及以上防烟分区的排烟系统，应在不同的防烟分区的支管上设置具有自动关断功能的阀门。

【注解 3】担负两个及以上防烟分区的机械排烟系统，当火灾烟气蔓延至相邻防烟分区

---

① 《消防给水和消火栓系统技术规范》GB 50974—2014 第 3.1.1 条第 3 款。

时，应能通过火灾自动报警系统联动打开该防烟分区的排烟阀（口）进行排烟。

3.7.4　排烟系统的联动控制方式应符合下列规定[①]：

1　常闭排烟阀或排烟口应由同一防烟分区内的两只独立的火灾探测器的报警信号，作为排烟口、排烟窗或排烟阀开启的联动触发信号，并应由消防联动控制器联动控制排烟口、排烟窗或排烟阀的开启，同时停止该防烟分区的空气调节系统。

2　应由排烟口、排烟窗或排烟阀开启的动作信号，作为排烟风机启动的联动触发信号，并应由消防联动控制器联动控制相应排烟风机、补风机的启动，运行、故障信号应返回联动控制器。

3.7.5　活动挡烟垂壁应具有火灾自动报警系统自动启动和现场手动启动功能，如图3.7.5所示。应由同一防烟分区内且位于电动挡烟垂壁附近的两只独立的感烟火灾探测器的报警信号，作为电动挡烟垂壁降落的联动触发信号，并应由消防联动控制器联动控制电动挡烟垂壁的降落[②]。当火灾确认后，火灾自动报警系统应在15s内联动相应防烟分区的全部活动挡烟垂壁，60s以内挡烟垂壁应开启到位。

图3.7.5　电动挡烟垂帘手动开启及复位执行器现场图

3.7.6　自然排烟窗（口）、自然补风窗（口）应设置手动开启装置，设置在高位不便于直接开启的自然排烟窗（口）、自然补风窗（口），应设置距地面高度1.3～1.5m的手动开启装置。净空高度大于9m的中庭、建筑面积大于2000m²的营业厅、展览厅、多功能厅等场所，尚应设置集中手动开启装置和自动开启设施。

3.7.7　自动排烟窗（口）、自然补风窗（口）应具备防失效保护功能，保证在火灾情况下能自动打开并处于全开位置；应具备与火灾报警系统联动控制功能、远程控制开启功能和现场手动开启功能；可采用与火灾自动报警系统联动或温度释放装置联动的控制方式。当采用与火灾自动报警系统自动启动时，自动排烟窗应在60s内或小于烟气充满储烟

---

① 《火灾自动报警系统设计规范》GB 50116—2013第4.5.2条、《民用建筑电气设计标准》GB 51348—2019第13.4.4条第2款。

② 《火灾自动报警系统设计规范》GB 50116—2013第4.5.1条第2款。

仓时间内开启完毕，并能在300℃环境温度下开启。带有温控功能自动排烟窗，其温控释放温度应大于环境温度30℃且小于100℃。

3.7.8 当排烟区域采用自动控制方式进行补风时，补风系统应与排烟系统联动开启或关闭。

【注解】 仅设置手动可开启装置的补风设施，如手动可开启外窗可不联动，仅手动操作。

3.7.9 消防控制室设备应显示排烟系统的排烟风机、补风机、阀门等设施启闭状态。

防火救援设计

4.1 一般规定

4.1.1 建筑内的通风空气调节机房（含消防风机房），应采用耐火极限不低于 2.0h 的防火隔墙和 1.5h 的楼板与其他部位分隔。设置在丁、戊类厂房内的通风空气调节机房（含消防风机房），应采用耐火极限不低于 1.0h 的防火隔墙和 0.5h 的楼板与其他部位分隔。通风、空气调节机房和变配电室开向建筑内的门应采用甲级防火门①。

4.1.2 风管穿过防火隔墙、楼板和防火墙时，穿越处风管上的防火阀、排烟防火阀两侧各 2.0m 范围内的风管应采用耐火风管或风管外壁应采取防火保护措施，且耐火极限不应低于该防火分隔体的耐火极限②。建筑内各防火分隔体的耐火极限要求如表 4.1.2 所示。

建筑内各部位防火分隔体耐火极限要求　　　　　　　表 4.1.2

防火分隔体		最小耐火极限要求
相邻建筑或相邻水平防火分区的防火墙③		3.0h
每个防火单元与其他防火单元和汽车库其他部位分隔的防火墙④		2.0h
中庭⑤	与周围连通空间采用防火隔墙或防火玻璃墙	1.0h
	与周围连通空间采用防火卷帘	3.0h
避难层兼做设备层时⑥	设备管道区与避难区分隔的防火隔墙	3.0h
	管道井和设备间与避难区分隔的防火隔墙	2.0h
餐饮、商店等商业设施通过有顶棚的步行街连接,且步行街两侧的建筑需利用步行街进行安全疏散时⑦	步行街两侧建筑的商铺之间的防火隔墙	2.0h
	步行街两侧建筑的商铺面向步行街一侧的围护构件	1.0h

---

① 《建筑设计防火规范》GB 50016—2014（2018 年版）第 6.2.7 条。
② 《建筑设计防火规范》GB 50016—2014（2018 年版）第 6.3.5 条。
③ 《建筑设计防火规范》GB 50016—2014（2018 年版）第 2.1.12 条。
④ 《电动汽车分散充电设施工程技术标准》GB/T 51313—2018 第 6.1.5 条第 3 款。
⑤ 《建筑设计防火规范》GB 50016—2014（2018 年版）第 5.3.2 条第 1 款。
⑥ 《建筑设计防火规范》GB 50016—2014（2018 年版）第 5.5.23 条第 4 款。
⑦ 《建筑设计防火规范》GB 50016—2014（2018 年版）第 5.3.6 条。

续表

防火分隔体			最小耐火极限要求
除商业服务网点外,住宅建筑与其他使用功能的建筑合建时,住宅部分与非住宅部分之间的分隔①	防火隔墙(非高层)		2.0h
	楼板(非高层)		1.5h
	防火墙(高层)		3.0h
	楼板(高层)		2.0h
设置商业服务网点的住宅建筑,其居住部分与商业服务网点之间的分隔②	防火隔墙		2.0h
	楼板		1.5h
总建筑面积大于20000m²的地下或半地下商店,应采用无门、窗、洞口的防火墙和楼板分隔为多个建筑面积不大于20000m²的区域③	防火墙		3.0h
	楼板		2.0h
燃油或燃气锅炉、油浸变压器、充有可燃油的高压电容器和多油开关等④	贴邻民用建筑布置时	防火墙	3.0h
	布置在民用建筑内时	锅炉房、变压器室等与其他部位之间　防火隔墙	2.0h
		楼板	1.0h
		锅炉房内设置储油间　防火隔墙	3.0h
		变压器室之间、变压器室与配电室之间　防火隔墙	2.0h
布置在民用建筑内的柴油发电机房⑤	防火隔墙		2.0h
	楼板		1.5h
附设在建筑内的消防控制室、灭火设备室、消防水泵房和通风空气调节机房、变配电室等⑥	防火隔墙		2.0h
	楼板		1.5h
设置在丁、戊类厂房内的通风机房	防火隔墙		1.0h
	楼板		0.5h
布置在民用建筑内的柴油发电机房内的储油间与发电机房之间的防火隔墙⑦			3.0h
防火隔间的墙⑧			3.0h
设在民用建筑内的剧场、电影院、礼堂的防火隔墙⑨			2.0h
歌舞厅、录像厅、夜总会、卡拉OK厅(含具有卡拉OK功能的餐厅)、游艺厅(含电子游艺厅)、桑拿浴室(不包括洗浴部分)、网吧等歌舞娱乐放映游艺场所(不含剧场、电影院)的厅、室之间及与建筑的其他部位之间⑩	防火隔墙		2.0h
	楼板		1.0h

① 《建筑设计防火规范》GB 50016—2014 (2018年版) 第5.4.10条。
② 《建筑设计防火规范》GB 50016—2014 (2018年版) 第5.4.11条。
③ 《建筑设计防火规范》GB 50016—2014 (2018年版) 第5.3.5条。
④ 《建筑设计防火规范》GB 50016—2014 (2018年版) 第5.4.12条。
⑤ 《建筑设计防火规范》GB 50016—2014 (2018年版) 第5.4.13条第3款。
⑥ 《建筑设计防火规范》GB 50016—2014 (2018年版) 第6.2.7条。
⑦ 《建筑设计防火规范》GB 50016—2014 (2018年版) 第5.4.13条第4款。
⑧ 《建筑设计防火规范》GB 50016—2014 (2018年版) 第5.3.5条第2款。
⑨ 《建筑设计防火规范》GB 50016—2014 (2018年版) 第5.4.7条。
⑩ 《建筑设计防火规范》GB 50016—2014 (2018年版) 第5.4.9条。

续表

防火分隔体			最小耐火极限要求
剧场等建筑①	舞台与观众厅之间	防火隔墙	3.0h
	舞台上部与观众厅闷顶之间	防火隔墙	1.5h
	舞台下部的灯光操作室和可燃物储藏室与其他部位	防火隔墙	2.0h
	电影放映室、卷片室与其他部位	防火隔墙	1.5h
高层病房楼在二层及以上的病房楼层和洁净手术部设置的避难间②			2.0h
医院和疗养院的病房楼内相邻护理单元之间的防火隔墙的防火隔墙③			2.0h
医疗建筑内的手术室或手术部、产房、重症监护室、贵重精密医疗装备用房、储藏间、实验室、胶片室等，附设在建筑内的托儿所、幼儿园的儿童用房和儿童游乐厅等儿童活动场所、老年人照料设施与其他场所或部位的分隔④		防火隔墙	2.0h
		楼板	1.0h
当易发生火灾、爆炸、极低温和其他危险化学品引发事故的实验室与其他用房相邻时，必须形成独立的防护单元与其他用房分隔⑤		防火隔墙	2.0h
		楼板	1.5h

4.1.3 防火阀或排烟防火阀的耐火时间（仅结构完整性）不应低于 1.5h⑥。

4.1.4 防火阀和排烟防火阀的设置应符合下列规定：

1　防火阀宜靠近防火分隔处设置；

2　防火阀暗装时，应在安装部位设置方便维护的检修口；

3　在防火阀两侧各 2.0m 范围内的风管及其绝热材料应采用不燃材料；

4　防火阀应符合现行国家标准《建筑通风和排烟系统用防火阀门》GB 15930 的规定。

4.1.5 除住宅建筑的楼梯间前室外，防烟楼梯间和前室内的墙上不应开设除疏散门和送风口外的其他门、窗、洞口⑦。

4.1.6 金属板的耐火极限是 15min⑧。金属风管可通过将防火隔热材料采用机械固定、柔性包覆（裹）等方式固定在其表面，以满足对风管耐火极限的要求；也可外包混凝土、金属网抹砂浆或砌筑砌体或直接选用满足耐火极限要求的复合成品风管，或采用由满足耐火极限要求的复合板材制作的复合风管。具体建议做法详见本措施附录 2。

【注解1】镀锌钢板风管不辅助其他材料时不具有隔热性；镀锌钢板风管受到火的作用时保持完整性达不到 0.5h；镀锌钢板风管要满足耐火极限，须辅助其他防火隔热材料，

---

① 《建筑设计防火规范》GB 50016—2014（2018 年版）第 6.2.1 条。

② 《建筑设计防火规范》GB 50016—2014（2018 年版）第 5.5.24 条。

③ 《建筑设计防火规范》GB 50016—2014（2018 年版）第 5.4.5 条。

④ 《建筑设计防火规范》GB 50016—2014（2018 年版）第 6.2.2 条。

⑤ 《科研建筑设计标准》JGJ 91—2019 第 5.2.5 条第 1 款。

⑥ 《建筑通风和排烟系统用防火阀门》GB 15930—2007 第 6.12.5 条。

⑦ 《建筑设计防火规范》GB 50016—2014（2018 年版）第 6.4.3 条第 5 款。

⑧ 《建筑设计防火规范》GB 50016—2014（2018 年版）第 3.2.12 条。

或置于井道壁满足耐火极限要求的竖井内。

【注解2】 包裹防火板常用于无吊顶明装风管，也可采用直接用防火板制作的组合防火风管；包裹柔性毡状隔热材料常用于吊顶内设置的风管；外包混凝土、金属网抹砂浆或砌筑砌体常用于竖向设置的风管。

【注解3】 防火涂料高温下挥发有毒有害气体且高温下膨胀变形，可能妨碍风阀等执行机构的正常动作。不得采用涂敷防火涂料作为满足通风、排烟等管道耐火极限的措施。

4.1.7 排除和输送温度超过80℃的空气或其他气体以及易燃碎屑的管道，与可燃或难燃物体之间的间隙不应小于150mm，或采用厚度不小于50mm的不燃材料隔热；当管道上下布置时，表面温度较高者应布置在上面[①]。

4.1.8 根据本措施第1.2.24条，保证耐火极限的材料（包括包覆的绝热材料）应为A级不燃材料，且同时满足完整性和隔热性的要求。

4.2　空调通风系统防火

4.2.1 通风、空气调节系统的风管在下列部位应设置公称动作温度为70℃的防火阀[②]：

1　穿越防火分区处。
2　穿越通风、空气调节机房的房间隔墙和楼板处。
3　穿越重要或火灾危险性大的场所的房间隔墙和楼板处。

【注解】 重要或火灾危险性大的场所的房间指重要的会议室、贵宾休息室、多功能厅等性质重要的房间或有贵重物品、设备的房间以及易燃物品库房等火灾危险性大的房间。

4　穿越防火分隔处的变形缝两侧。
5　竖向风管与每层水平风管交接处的水平管段上。

【注解1】 当建筑内每个防火分区的通风、空气调节系统均独立设置时，水平风管与竖向总管的交接处可不设置防火阀。

【注解2】 公共建筑的浴室、卫生间和厨房的竖向排风管，应采取防止回流措施并宜在支管上设置公称动作温度为70℃的防火阀[③]。

【注解3】 风管出屋面、风管接外墙等室外空间进排风口处满足防火间距且外墙非防火墙时，可不设置防火阀。

【特例】 公共建筑内厨房的排油烟管道宜按防火分区设置，且应在以上部分设置公称动作温度为150℃的防火阀[③]。

4.2.2 设于空调通风管道出口的防火阀，应采用定温保护装置，并应在风温达到70℃时直接动作，阀门关闭；关闭信号应反馈至消防控制室，并应停止相关部位空调机组[④]。

① 《建筑设计防火规范》GB 50016—2014（2018年版）第9.3.10条。
② 《建筑设计防火规范》GB 50016—2014（2018年版）第9.3.11条。
③ 《建筑设计防火规范》GB 50016—2014（2018年版）第9.3.12条。
④ 《民用建筑电气设计标准》GB 51348—2019第13.4.4条第6款。

4.2.3 水平设置的空调、通风管道不得穿越疏散楼梯间、前室以及避难间。

【注解1】 避难间（走道）、疏散楼梯间、前室是用于人员安全疏散或者安全避难的地方，无关的空调通风管道不得穿越；建筑高度小于等于250m时，当平面布置必须穿越时，应采用耐火极限不低于2.0h的隔墙和1.5h的楼板进行防火分隔，且穿越范围内排烟管道耐火极限不应低于2.0h。

【注解2】 当扩大前室设置空调或通风系统时，设备和风管应独立设置，且不应从其他非机房区域穿越而来。

【特例】 武汉地区新建工程空调通风风管严禁穿越建筑内楼梯间、前室等部位，设置防火夹层也不允许。

4.2.4 锅炉、柴油发电机的烟囱不应穿越防火分区及建筑内楼梯间、前室、避难间（走道）等防烟部位。

【注解】 当平面布置必须穿越时，穿越楼梯间、前室、避难间（走道）等防烟部位的烟囱应采用耐火极限不低于2.0h的隔墙和1.5h的楼板进行防火分隔。

4.3 防烟排烟系统防火

4.3.1 防烟排烟及消防补风系统风管、风口、风阀及支吊架的材料、密封材料应为不燃材料。

4.3.2 消防风机应设置在不同的专用风机房内，且机械加压送风机或消防补风机与排烟风机的机房应独立设置。当受条件限制时，排烟风机可与其他空调通风系统风机的机房合用，机械加压送风机、消防补风机可以合用机房或与其他空调通风风机合用机房，此时合用机房内应设有自动喷水灭火系统。

【注解】 多台排烟风机设置于同一风机房内，不属于合用机房；多台机械加压送风机设置于同一风机房内，不属于合用机房；多台消防补风机设置于同一风机房内，不属于合用机房。排烟风机与平时风机共用风机时，属于合用机房。此时，可采用单速或双速风机，但不得采用变频调速器控制[①]。

【特例1】 地铁工程地下车站的排烟风机确需与补风机、加压送风机共用机房时，设置在机房内的排烟管道及其连接件的耐火极限不应低于1.50h[②]。

【特例2】 深圳[③]地区加压送风机不应与空气处理机、平时清洁式送风系统风机合用机房。

【特例3】 三亚地区验收时要求建设工程防排烟风机不得采用双速风机或变频风机[④]，如确需使用双速风机，应合理划分防烟分区；排风系统与排烟系统的风道、风口共用时，宜分别选取总排风量对应的普通排风机和总排烟量对应的消防排烟机并联设置，相关设计文件需明确详细的设备规格、型号、性能、电气控制原理、联动原理等，设计单位应与施

---

① 《民用建筑电气设计标准》GB 51348—2019 第13.7.6条。
② 《地铁设计防火标准》GB 51298—2018 第8.4.1条。
③ 《深圳市建设工程消防设计审查指引》第5.5.13条第2款。
④ 三亚市《关于加强建设工程消防验收现场安全操作要求及明确气体灭火系统、消防车道、双速防排烟风机等问题的通知》。

工单位及时沟通交流[①]。

4.3.3　排烟风机应能满足在 280℃时连续工作 30min 的要求，排烟风机应与风机入口处的排烟防火阀连锁，当该阀关闭时，排烟风机应能停止运行。

【特例】地铁工程地下区间的排烟风机的运转时间不应小于区间乘客疏散所需的最长时间，且在 280℃时应能连续工作不小于 1.0h[②]。地上车站和控制中心及其他附属建筑的排烟风机在 280℃时应能连续工作不小于 0.5h。

4.3.4　当地许可时，当消防风机设置在室外时，应置于具有耐火极限不低于 1.0h、通风及耐火性能良好的保护箱体内（见图 4.3.4，台风高发地区除外），箱体应满足防护（防雨、防晒）、通风散热及检修要求，且其周围至少 6m 范围内不应布置可燃物。

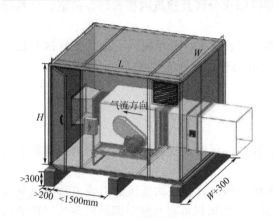
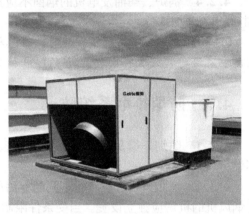

(a)　　　　　　　　　　　　　　　(b)

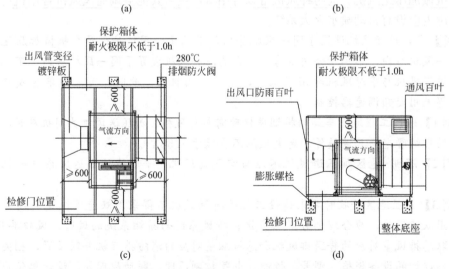

(c)　　　　　　　　　　　　　　　(d)

图 4.3.4　消防风机防护箱示意图大样图

(a) 示意图；(b) 现场图（简易型）；(c) 大样平面图；(d) 大样立面图

【特例】工业建筑、电力集控室或采用钢结构体系，且受条件限制无法在屋面设置风

---

① 三亚市《关于消防验收、备案工作中双速风机若干问题的说明》。

② 《地铁设计防火标准》GB 51298—2018 第 8.4.3 条。

机房的公共建筑中，满足国家相关标准要求的室外耐候性能（耐腐蚀、抗强风、抗暴雨等性能）的屋顶式消防排烟风机或壁式排烟风机可直接设置于室外，但其周围至少6m范围内不应布置可燃物，且确保风机在火灾发生时不受烟火影响，能够正常连续运行。且此时可不设第4.3.11条中风机入口处的排烟防火阀。但无锡地区厂房采用的屋顶型排烟风机应设置排烟机房。

4.3.5 机械加压送风系统、机械排烟系统、机械消防补风系统应采用管道送风或排烟，且不应采用土建风道，消防通风风管应采用不燃材料制作且内壁应光滑。竖向土建井道应分别独立设置，井壁的耐火极限不应低于1.0h，井壁上的检查门应采用乙级防火门。管道井与房间、走道等相连通的空隙应采用防火封堵材料封堵。

【注解】风管道不需要检修时，可不设检修门。

【特例1】济南、珠海地区任何部位的竖向消防风管都不应采用土建风道，济南地区一次浇筑的人防口部井道除外。

【特例2】当地许可时，地下及人防口部、地铁、城市交通隧道、水电工程、水利工程等的室外进风竖井和排风竖井（即加压送风机、消防补风机的进风段和排烟风机的出风段）可采用土建管井（含局部水平换井），此时可视为室外空间的延续（即排风、排烟可以使用同一土建竖井；进风、补风、新风可以使用同一土建竖井），如图4.3.5所示。但应通过增加风机压头、扩大风井截面、提升壁面光滑度和密闭程度等组合技术手段确保系统压力、风量不受影响，使其效果与采用管道形式一致，系统的总阻力计算时应计入土建管井及百叶的阻力，此时土建竖井内的风速不应大于7m/s。

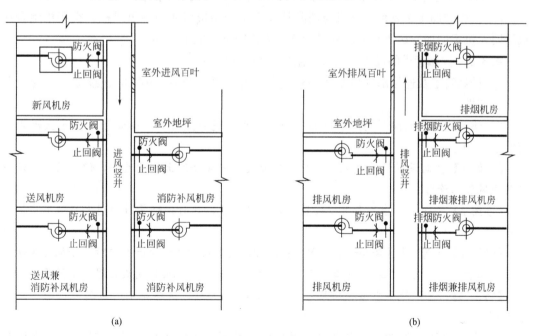

图4.3.5 地下室的室外进风排风竖井示意图

(a) 地下室室外进风竖井示意图；(b) 地下室室外排风竖井示意图

【特例3】对于建筑高度大于250m的建筑，管道井隔墙的耐火极限不应低于2.0h，检修门应采用甲级防火门。

4.3.6 机械加压和<u>消防补风</u>送风管道的设置和耐火极限应符合下列要求：

1 建筑内部竖向设置的送风管道<u>应独立设置在管道井内</u>，设置于竖向管道井内的消防补风送风管耐火极限不应低于 0.5h，设置于竖向管井内的机械加压送风管道耐火极限不做要求；当确有困难时，未设置在管道井内或与其他空调通风管道合用管道井的送风管道，其耐火极限不应低于 1.0h。

【注解】竖向土建管井内可以设置多根同种功能的送风管道，如竖向土建管井内可以设置多根加压送风风管或多根消防补风风管，此时多根消防补风风管耐火极限不应低于 0.5h，机械加压送风管道耐火极限不做要求；<u>若加压送风风管和消防补风风管或其他空调通风（不含排风兼排烟）管道合用竖向管井，则加压送风风管和消防补风风管耐火极限皆不应低于 1.0h。</u>

2 水平设置的送风管道，当设置在吊顶内时，其耐火极限不应低于 0.5h；当未设置在吊顶内时，其耐火极限不应低于 1.0h。

【特例】上海[①]地区水平设置的送风管道，当设置在吊顶内时，其耐火极限也不应低于 1.0h。

3 当送风管道跨越防火分区时，管道的耐火极限不应低于 1.5h。

4 除了所服务的区域之外，水平设置的无关送风管道，不得穿越楼梯间、前室以及避难层。加压送风管道穿越与所服务的楼梯间配套的前室时，其耐火极限不应低于 2.0h。

【注解】无关的消防送风管道不得穿越避难间（走道）、疏散楼梯间及其前室；建筑高度小于等于 250m 时，当平面布置必须穿越时，应采用耐火极限不低于 2.0h 的隔墙和 1.5h 的楼板进行防火分隔，且穿越范围内排烟管道耐火极限不应低于 2.0h。

5 当机械加压送风系统风机与消防补风系统合用机房或与通风风机、空调机组合用机房时，机房内加压送风和消防补风管道耐火极限不应低于 1.0h。

4.3.7 排烟管道的设置和耐火极限应符合下列要求：

1 排烟管道及连接部件应采用不燃材料制作，并应能在 280℃时连续 30min 保证其结构完整性。

2 建筑内部竖向设置的排烟管道应设置在独立的管道井内，排烟管道的耐火极限不应低于 0.5h。

【注解1】竖向设置的排烟风管不应与其他类型风管合用土建管道井，但排风兼排烟系统共用风管的除外。

【注解2】竖向土建管井内可以设置多根排烟风管，此时排烟管道的耐火极限不应低于 0.5h。

【特例1】上海[②]地区竖向设置的单根排烟管道设置在独立的管道井内时，排烟管道耐火极限可低于 0.5h；当多根排烟管道共用同一管井时，这些排烟管道耐火极限应不低于 0.5h。

【特例2】苏州[③]地区当多根排烟管道共用同一管井时，这些排烟管道耐火极限不应低于 1.0h。

3 水平设置的排烟管道应设置在吊顶内，其耐火极限不应低于 0.5h；当确有困难

---

① 上海市《建筑防排烟系统设计标准》DGJ 08-88—2021 第 3.3.8 条第 2 款。

② 上海市《建筑防排烟系统设计标准》DGJ 08-88—2021 第 3.3.9 条第 2 款。

③ 《2021 年苏州市建设工程施工图设计审查技术问题指导》排烟类第 12 条。

时，可直接设置在室内，但管道的耐火极限不应低于 1.0h。

　　4　设置在走道部位吊顶内的排烟管道，以及穿越防火分区的排烟管道，其管道的耐火极限不应低于 1.0h；服务于本防烟分区或设置在设备用房、汽车库的排烟管道耐火极限可不低于 0.5h，如图 4.3.7 所示。

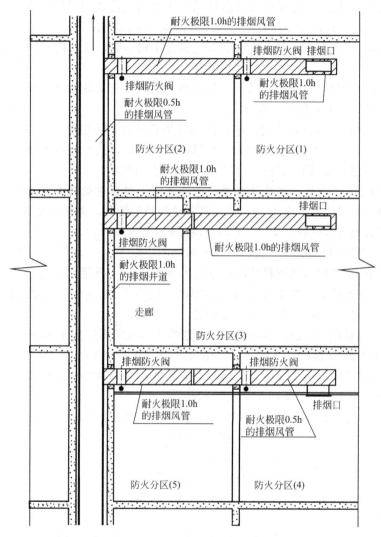

图 4.3.7　排烟管道布置耐火极限示意图

　　5　水平设置的排烟管道不得穿越避难间、疏散楼梯间及前室。

　　【注解】 水平排烟管道不得穿越避难间（走道）、疏散楼梯间、前室，建筑高度小于等于 250m 时，当平面布置必须穿越时，应采用耐火极限不低于 2.0h 的隔墙和 1.5h 的楼板限进行防火分隔，且穿越范围内排烟管道耐火极限不应低于 2.0h。

　　6　当排烟系统风机与通风风机、空调机组合用机房时，机房内排烟管道耐火极限不应低于 1.0h。

　　4.3.8　建筑高度大于 250m 的民用建筑以下部位的消防通风管道设置及耐火极限应

符合下列规定[1]：

  1 水平穿越防火分区的排烟、加压、补风管道，其耐火极限不应低于 1.5h；

  2 未设置在管井内的加压、补风管道，其耐火极限不应低于 1.5h；

  3 与其他管道合用管道井的加压、补风管道，其耐火极限不应低于 1.5h；

  4 当机械加压送风系统风机与消防补风系统合用机房或与通风风机、空调机组合用机房时，机房内加压送风和消防补风管道耐火极限不应低于 1.5h；

  5 当排烟系统风机与通风风机、空调机组合用机房时，机房内排烟管道耐火极限不应低于 1.5h；

  6 水平排烟风管、空调通风风管严禁穿越建筑内的疏散楼梯间、前室、避难间（走道）等部位，设置防火夹层也不允许[2]。

  4.3.9 当吊顶内有可燃物时，吊顶内的排烟管道的绝热层厚度不应小于 40mm，并应与可燃物保持不小于 150mm 的距离。当排烟口设在通透式吊顶内且通过吊顶上部空间进行排烟时，吊顶应采用不燃材料，且吊顶内不应有可燃物。

  【注解】 由于吊顶内的排烟风管本身就需满足耐火极限中的隔热性要求，因此，当耐火极限措施隔热层厚度不小于 40mm 时无需再增加隔热措施，满足耐火极限要求即可。绝热材料应采用岩棉或其他能耐受 800℃以上高温的绝热材料[3]。

  4.3.10 挡烟垂壁应为不燃材料且耐火时间不应低于 0.5h，且应符合下列规定[4]：

  1 制作挡烟垂壁的金属板材的厚度不应小于 0.8mm，其熔点不应低于 750℃；

  2 制作挡烟垂壁的不燃无机复合板的厚度不应小于 10.0mm，其性能应符合现行国家标准《不燃无机复合板》GB 25970 的规定。

  3 制作挡烟垂壁的无机纤维织物的拉伸断裂强力经向不应低于 600N，纬向不应低于 300N，其燃烧性能不应低于《建筑材料及制品燃烧性能分级》GB 8624 中的 A 级。

  4 制作挡烟垂壁的玻璃应为防火玻璃，其性能应符合现行国家标准《建筑用安全玻璃 第 1 部分：防火玻璃》GB 15763.1 的规定。

  4.3.11 机械加压送风管道和消防补风管道按本措施第 4.2.1 条设置防火阀，排烟管道下列部位应设置熔断温度为 280℃的排烟防火阀：

  1 垂直风管与每层风管交接处的水平管段上；

  2 一个排烟系统负担多个防烟分区的排烟支管上；

  3 排烟风机入口处；

  4 穿越防火分区处；

  5 穿越防火隔墙处、楼板处及重要或火灾危险性大的场所的房间隔墙处。

  【特例 1】 汽车库、修车库和停车库区域在穿过不同防烟分区的排烟支管上应设置排烟防火阀[5]，但根据以上要求已设排烟防火阀时可不重复设置。

  【特例 2】 建筑高度大于 250m 民用建筑在排烟管道穿越环形疏散走道分隔墙体的部

---

① 《建筑高度大于 250 米民用建筑防火设计加强性技术要求（试行）》第二十二条。
② 《建筑高度大于 250 米民用建筑防火设计加强性技术要求（试行）》第二十二条。
③ 林星春，部喆.《关于玻璃棉制品能否满足防烟排烟风管耐火极限的讨论》第 5 节。
④ 《挡烟垂壁》XF533—2012 第 5.1.2～5.1.5 条。
⑤ 《汽车库、修车库、停车库设计防火规范》GB 50067—2014 第 8.8.2 条。

位，应设置排烟防火阀①。

【特例3】上海地区同一防火分区中的不同防烟分区共用一个排烟系统时，各防烟分区的排烟风管应分别设置，本防烟分区的排烟管道在接入系统排烟总管前，不能有其他防烟分区的排烟口接入②。即排烟系统在负担多个防烟分区时，系统的排烟主管道与连通到每个防烟分区的排烟支管处应设置排烟防火阀（见图4.3.11），以防止火灾通过排烟管道蔓延到其他区域。这根支管是排烟系统主排烟管道的支管，这里要求每个防烟分区可以有一根或多根排烟支管，但每根支管不能用于多个防烟分区的排烟③。

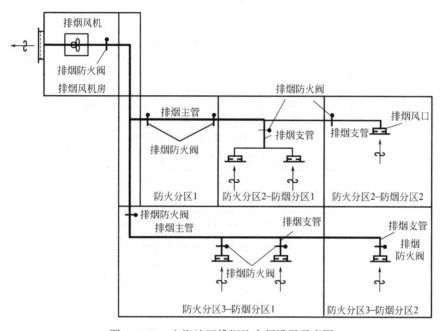

图 4.3.11　上海地区排烟防火阀设置示意图

4.3.12　以上相关部件和管道的耐火极限要求总结如表4.3.12所示。

相关部件和管道的耐火极限要求表　　　　　　　　表 4.3.12

部件或风管	设置部位	最小耐火极限要求
防火阀或排烟防火阀	风管上	1.5h(仅完整性要求)
挡烟垂壁	防烟分区分隔处	0.5h(仅完整性要求)
机械加压送风风管和消防补风送风管	未设置在管道井内或与其他管道合用管道井的竖向送风道(建筑高度≤250m)	1.0h
	未设置在管道井内或与其他管道合用管道井的竖向送风道(建筑高度>250m)	1.5h
	单根或多根消防补风风管设置于竖向土建管井内	0.5h

---

①　《建筑高度大于250米民用建筑防火设计加强性技术要求（试行）》第二十一条。

②　上海市《建筑防排烟系统设计标准》DGJ 08-88—2021第4.3.2条。

③　上海市《建筑防排烟系统设计标准》DGJ 08-88—2021第4.3.11条。

续表

部件或风管	设置部位	最小耐火极限要求
机械加压送风风管和消防补风送风管	水平送风风管（设置在吊顶内）	0.5h
	水平送风风管（未设置在吊顶内）	1.0h
	送风管道跨越防火分区	1.5h
	加压送风管道穿越与所服务的楼梯间配套的前室	2.0h
	机械加压送风系统风机与消防补风系统合用机房或与通风风机、空调机组合用机房时的送风管道（建筑高度≤250m）	1.0h
	机械加压送风系统风机与消防补风系统合用机房或与通风风机、空调机组合用机房时的送风管道（建筑高度＞250m）	1.5h
排烟管道	竖向设置的排烟管道（单根或多根）	0.5h
	水平设置的排烟管道（设置在吊顶内）	0.5h
	水平设置的排烟管道（未设置在吊顶内）	1.0h
	走道部位吊顶内的排烟管道	1.0h
	穿越防火分区的水平排烟管道（建筑高度≤250m）	1.0h
	穿越防火分区的水平排烟管道（建筑高度＞250m）	1.5h
	本防火分区内设备用房和汽车库的排烟管道	0.5h
	排烟系统风机与通风风机、空调机组合用机房时机房内排烟管道（建筑高度≤250m）	1.0h
	排烟系统风机与通风风机、空调机组合用机房时机房内排烟管道（建筑高度＞250m）	1.5h
所有风管	穿越防火分隔体时，穿越处风管上的防火阀、排烟防火阀两侧各 2.0m 范围内的风管	详见表 4.1.2

4.3.13　人员密集场所的排烟系统与通风、空气调节系统应严格分开设置；其他建筑或场所的防烟排烟系统与通风、空气调节系统应优先分开设置；当确有困难时可以合用，但应符合防烟排烟系统的要求，且当排烟口打开时，每个排烟合用系统的管道上需联动关闭的通风和空气调节系统的控制阀门不应超过 10 个，运转模式的转换时间应满足本措施第 3.7.2 条的要求。

【**特例 1**】建筑高度大于 250m 的民用建筑机械排烟系统不应与通风空气调节系统合用[①]。

【**特例 2**】机动车库和非机动车库、自行车库的排烟系统可与通风、空气调节系统合并设置。

4.4　防烟排烟关联设计

4.4.1　排烟风机的出风口与机械加压送风机和消防补风机的进风口设在同一朝向立

---

① 《建筑高度大于 250 米民用建筑防火设计加强性技术要求（试行）》第二十一条。

面（含前后平行的立面）或屋面上时，送风机的进风口与排烟风机的出风口应分开设置，且竖向布置时，进风口应设置在排烟出口的下方，其两者边缘垂直距离不应小于6m；否则两者边缘最小水平距离不应小于20m。当送风口为自然通风防烟方式楼梯间、前室、避难区域的外窗或开口以及自然补风口时，与机械排烟出风口两者边缘垂直距离不应小于3m；否则两者边缘水平距离不应小于10m。

【特例】 上海[①]地区要求如机械加压送风机和消防补风机的进风口（含自然通风防烟方式楼梯间、前室的外窗或开口）与排烟风机的出风口设在同一个朝向立面但不在一个水平线或垂直线上时，进风口应设置在排烟出口的下方，其两者边缘垂直距离不应小于6m；否则两者边缘最小水平距离不应小于20.0m，两个口部外缘的最近的距离应满足表4.4.1的要求。

上海地区同一立面上排烟口与进风口的距离要求　　　　表4.4.1

工况	1	2	3	4	5	6	7
水平距离(m)	0	5.0	10.0	12.5	15.0	17.5	20.0
垂直距离(m)	6.0	5.8	5.2	4.7	4.0	2.9	0

4.4.2　当机械加压送风机和消防补风机的进风口与排烟风机的出风口设在不同朝向立面上时，应按下列要求执行，如图4.4.2所示：

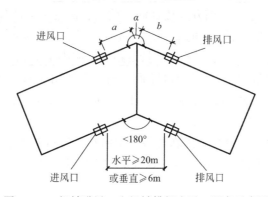

图4.4.2　机械进风口和机械排烟出风口距离示意图

1　若相邻两个面之间外夹角大于等于225°或为非相邻的建筑面（如南面与北面、东面与西面等）时，进风口应设置在排烟出口的下方，其两者边缘垂直距离不应小于3m，否则要求沿外立面折线距离不小于10m。

【特例】 上海[①]地区机械加压送风机和消防补风机的进风口（含自然通风防烟方式楼梯间、前室的外窗或开口）与排烟风机的出风口设在不同朝向的相邻墙面上时，应将进风口设在该地区主导风向的上风侧。当不同朝向的墙面的外夹角大于等于225°时，其两者边缘垂直距离不应小于4.5m，否则要求沿外立面折线距离不小于12m，两个口部外缘的最

---

① 上海市《建筑防排烟系统设计标准》DGJ 08-88—2021第3.3.5条第3款、第4.3.5条、第4.4.3条。

近的距离应满足表 4.4.2-1 的要求，且进排风口边缘距夹角顶点的距离皆不小于 2m。当设置在两接近相反方向的建筑面（如南面与北面、东面与西面等）时，其两者边缘垂直距离不应小于 3m，否则要求沿外立面折线距离不小于 10m，两个口部外缘的最近的距离应满足表 4.4.2-2 的要求。

上海地区相邻立面上排烟口与进风口的距离要求   表 4.4.2-1

工况	1	2	3	4	5	6	7
水平距离(m)	0	3.0	6.0	7.5	9.0	10.5	12.0
垂直距离(m)	4.5	4.4	3.9	3.5	3.0	2.2	0

上海地区相反立面上排烟口与进风口的距离要求   表 4.4.2-2

工况	1	2	3	4	5	6	7
水平距离(m)	0	6.0	7.0	8.0	9.0	9.5	10.0
垂直距离(m)	3.0	2.4	2.1	1.8	1.3	0.9	0

2 若相邻两个面之间外夹角小于 225°且大于等于 180°，可视为同一朝向的立面，进风口应设置在排烟出口的下方，其两者边缘垂直距离不应小于 6m，否则要求沿外立面折线距离不小于 20m。

3 若相邻两个面之间外夹角小于 180°，进风口应设置在排烟出口的下方，两者边缘垂直距离不应小于 6m，否则两者边缘水平距离不应小于 20m。

4 当进风口为自然通风防烟方式楼梯间、前室、避难区域的外窗或开口以及自然补风口时，进风口应设置在排烟出口的下方，与机械排烟出风口两者边缘垂直距离不应小于 3m；否则，两者边缘水平距离或沿外立面折线距离不应小于 10m。

4.4.3 室内的补风口与机械排烟口设置在同一空间相邻的防烟分区时，补风口位置不限；当补风口与机械排烟口设置在同一防烟分区时，补风口应设在储烟仓下沿以下；补风口与排烟口水平距离不应小于 5m。

【特例1】地铁工程补风口宜设置在与排烟空间相通的相邻防烟分区内；当补风口与排烟口设置在同一防烟分区内时，补风口应设置在室内净高的 1/2 以下，水平距离排烟口不应小于 10m[1]。

【特例2】建筑投影阴影外的机动车库坡道出入口（无防火卷帘时）作为机械排烟自然补风口，且满足第 3.6.5 条风速要求时，可不设挡烟垂壁至储烟仓下。

【特例3】上海[2]地区同一防烟分区，当补风口低于机械排烟口垂直距离大于 5m 时，水平距离不作限制。

4.4.4 自然排烟口不应位于自然通风防烟方式楼梯间、前室、避难区域的外窗或开口正下方，当自然排烟口顶部位置低于自然通风防烟方式楼梯间、前室、避难区域的外窗或开口的底部位置时，两者边缘水平距离或沿外立面折线距离不应小于 5m，如图 4.4.4（a）所示。同一防烟分区的自然补风口在自然排烟口下部时（应设于储烟仓下沿以下），

---

① 《地铁设计防火标准》GB 51298—2018 第 8.2.6 条第 3 款。
② 上海市《建筑防排烟系统设计标准》DGJ 08-88—2021 第 4.4.6 条。

两者水平距离可不作限制，如表 3.5.22 所示。自然排烟口和自然补风口不在同一防烟分区时，自然补风口位置不限。

【特例】江苏①地区自然排烟口和自然补风口之间的间距、自然补风口与机械排烟口之间的间距按以下规定执行：竖向布置时，进风口应设置在排烟口的下方，两者边缘垂直距离不应小于 6m；否则两者边缘最小水平距离不应小于 20m。

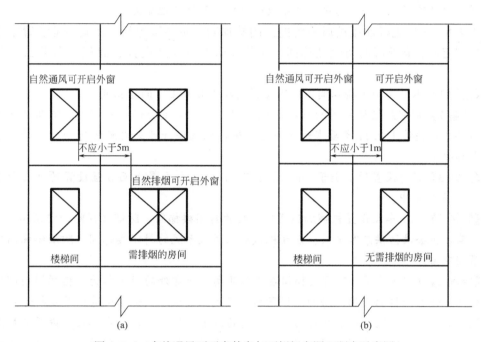

图 4.4.4　自然通风可开启外窗与两侧门窗洞口距离示意图

(a) 自然通风可开启外窗与自然排烟可开启外窗的距离；(b) 自然通风可开启外窗与普通可开启外窗的距离

4.4.5　对于超高层建筑，其机械加压送风机或消防补风机进风口与排烟风机排烟口应布置在建筑不同朝向②，两者的间距按本措施第 4.4.2 条执行。

4.4.6　以上涉及的相关进、排风口之间的距离规定，消防排烟系统和消防补风系统仅考虑同一防火分区时使用判断，防烟系统按建筑内所有防火分区同时启动使用判断。对于平时与火灾共用的系统，所有防火分区的室外进风口与排风口仍应满足相关规范对于通风的距离要求。

【注解】一幢建筑的防火设计只考虑一个防火分区发生火灾，但火灾发生时所有防火分区都将自动进入疏散状况。不仅要开启该防火分区楼梯间、前室的全部加压送风机，位于其他防火分区的避难层（间）、避难走道及其前室的加压送风系统也有可能需要投入运行。

【特例】山东③地区不同的防火分区的室外排烟口和室外补风口，也应满足本措施第 4.4.1 条、第 4.4.2 条的要求。

---

① 《江苏省建设工程消防设计审查验收常见技术难点问题解答》第 4.1.16 条。
② 《浙江省消防技术规范难点问题操作技术指南（2020 版）》第 7.1.21 条。
③ 《山东省建筑工程消防设计部分非强制性条文适用指引》第 3.0.39 条。

4.4.7 疏散楼梯间靠外墙设置时，楼梯间、前室及合用前室外墙上的自然通风可开启外窗（口）或疏散门与两侧门、窗、百叶、洞口最近边缘的水平距离不应小于 1.0m[①]，如图 4.4.4（b）所示。当疏散楼梯设置在室外不与建筑贴邻时，楼梯间自然通风可开启外窗（口）或疏散门与两侧门、窗、百叶、洞口最近边缘的水平距离不应小于 2.0m[②]。

【注解】 除了第 4.4.1 条～第 4.4.7 条规定的防火要求的距离以外，消防相关的室外进、排风口可不考虑与平时通风口及事故通风口之间的其他距离。

4.4.8 设置机械加压送风系统的封闭楼梯间、防烟楼梯间，在其顶部设置不小于 1m² 的固定窗。靠外墙的防烟楼梯间，在其外墙上每 5 层设置总面积不小于 2m² 的固定窗。

【注解 1】 本条含地上楼梯间、地下楼梯间和避难层上下的楼梯间。

【注解 2】 顶部是指楼梯间的顶部区域，侧墙和顶部屋面板上都可以，顶部不靠外墙时，可按本措施第 1.2.17 条要求设置排热通道，以确保开展灭火救援行动时及时排除火灾烟气和热量。

【注解 3】 顶部设置的不小于 1m² 的固定窗面积包含在最上面 5 层设置的总面积不小于 2m² 的固定窗中。

【特例 1】 地下车站设置机械加压送风系统的封闭楼梯间、防烟楼梯间，宜在其顶部设置固定窗，但公共区供乘客疏散、设置机械加压送风系统的封闭楼梯间、防烟楼梯间顶部应设置固定窗[③]。

【特例 2】 广东[④]地区地下室楼梯间在首层开向直通室外的门可作为该楼梯间顶部的固定窗使用。设在内区的楼梯、房间建议采用夹层或土建风道（耐火风道）等方式通室外[⑤]。

【特例 3】 贵州[⑥]地区对于在首层不靠外墙的地下室楼梯间，当在其顶部设置直接对外的固定窗确有困难时，地下室楼梯间在首层开向直通室外的通道或门厅的门，可作为该楼梯间顶部的固定窗使用，休息平台处外墙可视为满足顶部要求。对于在首层不靠外墙的地下室楼梯间，当其与地上部分楼梯间共用（在首层通过耐火极限不低于 2.0h 的防火隔墙、乙级防火门进行防火分隔），且地上部分楼梯间按相关规定设置了固定窗或采用自然通风方式时，地下室楼梯间在首层与地上部分之间防火分隔用的防火门，可作为地下室楼梯间顶部的固定窗使用。超 100m 建筑内区（核心筒）地上楼梯间被避难层分隔成上、下梯段，除靠外墙或通至顶层的楼梯间外，可不设置固定窗。

【特例 4】 江苏[⑦]地区位于建筑中部的核心筒楼梯的地下部分如与地上楼梯属于共用楼梯间形式时，可仅在地上楼梯间的最高处设置 1m² 固定窗。靠外墙的楼梯地下部分应在其最高处设 1m² 固定窗。

【特例 5】 陕西[⑧]地区对于首层不靠外墙的地下楼梯间，当其与地上部位的楼梯间共用

---

① 《建筑设计防火规范》GB 50016—2014（2018 年版）第 6.4.1 条第 1 款。
② 《建筑设计防火规范》GB 50016—2014（2018 年版）第 6.4.5 条第 5 款。
③ 《地铁设计防火标准》GB 51298—2018 第 8.1.2 条。
④ 《广州市建设工程消防设计、审查重点问题解答》第 6.4 条。
⑤ 广东省《〈建筑防烟排烟系统技术标准〉（GB 51251—2017）问题释疑》第一条第 3 款。
⑥ 《贵州省消防技术规范疑难问题技术指南（2022 年版）》第 1.8.2～1.8.3 条。
⑦ 《江苏省建设工程消防设计审查验收常见技术难点问题解答》第 5.5 条。
⑧ 《陕西省建筑防火设计、审查、验收疑难点技术指南》第 7.2.6 条。

位置、但在首层通过防火隔墙、防火门进行防火分隔，且地上部位的楼梯间满足相关规定时，地下室楼梯间可不设固定窗。

【特例6】 山东[①]地区楼梯间不靠外墙或交通核在建筑内部的地下室楼梯间（地下建筑单独设置楼梯时除外）在首层无法直接对外设置固定窗，可用该楼梯间对外疏散的乙级防火门代替，可通过扩大封闭楼梯间或扩大防烟楼梯间前室采用自然通风方式防烟，当门厅净高大于3m时，应在外墙顶部设置不小于1m²的可开启外窗。对于在首层不靠外墙的地下室楼梯间，当其与地上部分楼梯间共用（在首层通过防火隔墙、乙级防火门进行防火分隔），且地上部分楼梯间按相关规定设置了固定窗时，地下室楼梯间在首层与地上部分之间防火分隔用的防火门，可作为地下室楼梯间顶部的固定窗使用。超高层建筑的避难层下部的楼梯间，处于交通核内，顶部无法设置固定窗时，交通核内的楼梯间在避难层可以不设固定窗。体育场馆、航站楼等高大空间内受工艺制约不具备靠外设置楼梯间条件时，位于高大空间内部的楼梯间可与楼梯间顶部或侧墙上部设置固定窗，固定窗开向高大空间。

【特例7】 石家庄[②]地区对于在首层不靠外墙的地下室楼梯间，当在其顶部设置直接对外的固定窗确有困难时，地下室楼梯间在首层开向直通室外的通道或门厅的门，可作为该楼梯间顶部的固定窗使用。对于在首层不靠外墙的地下室楼梯间，当其与地上部分楼梯间共用（在首层通过耐火极限不低于2.0h的防火隔墙、乙级防火门进行防火分隔），且地上部分楼梯间按相关规定设置了固定窗或采用自然通风方式时，地下室楼梯间在首层与地上部分之间防火分隔用的防火门，可作为地下室楼梯间顶部的固定窗使用。超高层建筑内区（核心筒）地上楼梯间被避难层分隔成上、下梯段，除靠外墙或通至顶层的楼梯间外，可不设置固定窗。对于改造工程，当不涉及相关楼梯间立面改造时，可维持既有建筑相关部位外立面现状；首层不靠外墙的地下室楼梯间，当在顶部设置直接对外的固定窗有困难时，地下室楼梯间在首层开向直通室外的通道或门厅的门，可作为该楼梯间顶部的固定窗使用。

【特例8】 四川、重庆[③]地区对于在首层不靠外墙设置的地下室楼梯间，当在其顶部设置直接对外的固定窗确有困难时，地下室楼梯间在首层开向直通室外的通道或门厅的门，可作为该楼梯间顶部的"固定窗"使用，但当门厅净高大于3m时，尚应在门厅外墙的上部设置不小于1m²的可开启外窗。对于在首层不靠外墙设置的地下室楼梯间，当其与地上相同部位的楼梯间在首层通过防火隔墙、防火门进行防火分隔，且地上部位的楼梯间规定设置固定窗或地上楼梯间采用自然通风方式防烟时，地下室楼梯间在首层与地上部位的楼梯间之间的防火门，可视作地下室楼梯间顶部的"固定窗"使用。高层建筑核心筒内的上部防烟楼梯间应在顶层外墙或屋面设置固定窗，位于避难层下方的防烟楼梯间可不设固定窗，其机械加压送风系统应保证在火灾报警后能连续运行30min以上。除防烟楼梯间位于建筑核心筒内的高层塔楼外，其他设置机械加压送风系统的地上封闭楼梯间或防烟楼梯间，应保证每个防火分区有不少于一部楼梯间在外墙上部或屋面上设有固定窗。体育场

① 《山东省建筑工程消防设计部分非强制性条文适用指引》第1.0.8条、第3.0.7条。
② 《石家庄市消防设计审查疑难问题操作指南（2021年版）》第2.4.1条、第8.1.20条、第8.1.21条。
③ 《川渝地区建筑防烟排烟技术指南（试行）》第四十五条。

馆、航站楼等高大空间，疏散楼梯间受工艺制约，无法设置直接对外固定窗时，可在楼梯间顶部或上部侧墙上设置开向高大空间的固定窗。

【特例9】 云南①地区首层不靠外墙的地下室楼梯间，其开向直通室外的通道或门厅的门，可视为该楼梯间顶部的固定窗。当门厅净高大于3m时，应在门厅外墙的上部设置不小于1m²的可开启外窗或开口。首层不靠外墙的地下室楼梯间，当其与地上部分楼梯间共用，且地上部分楼梯间按规定设置了固定窗或采用自然通风方式时，地下室楼梯间在首层与地上部分之间的防火门，可视为地下室楼梯间顶部的固定窗。

【特例10】 浙江②地区对于在首层不靠外墙的地下室楼梯间，当在其顶部设置直接对外的固定窗确有困难时，地下室楼梯间在首层开向直通室外的通道或门厅的门，可作为该楼梯间顶部的固定窗使用。对于在首层不靠外墙的地下室楼梯间，当其与地上部分楼梯间共用（在首层通过耐火极限不低于2.0h的防火隔墙、乙级防火门进行防火分隔），且地上部分楼梯间设置了固定窗或采用自然通风方式时，地下室楼梯间在首层与地上部分之间防火分隔用的防火门，可作为地下室楼梯间顶部的固定窗使用。超高层建筑内区（核心筒）地上楼梯间被避难层分隔成上、下梯段，除靠外墙或通至顶层的楼梯间外，可不设置固定窗。

4.4.9 采用机械加压送风系统的封闭楼梯间、防烟楼梯间出屋面时，开向屋面的平开门应具有自行关闭功能，且关闭后应满足楼梯间防烟要求。其余楼梯间可采用开向屋面的平开门。疏散楼梯间在首层的外门可采用开向室外的平开门。

4.4.10 下列地上建筑或部位，当设置机械排烟系统时，尚应按本措施第4.4.11、第4.4.12条的要求在外墙或屋顶设置固定窗：

1 任一层建筑面积大于2500m²的丙类厂房（仓库）。

2 任一层建筑面积大于3000m²的商店建筑、展览建筑及类似功能的公共建筑。

3 总建筑面积大于1000m²的歌舞娱乐放映游艺场所。

【注解1】 "总建筑面积"是指地上该功能区域的总建筑面积。

【注解2】 固定窗设置是对应丙类厂房（仓库、含洁净厂房）、商店、展览等建筑及歌舞、娱乐、放映、游艺等场所而言，而非对应到具体房间，固定窗可设置在该功能的公共区域，有条件的话可在每个防烟分区设置固定窗，当房间或场所面积大于300m²时，应在本房间或场所设置固定窗。

4 商店建筑、展览建筑及类似功能的公共建筑中长度大于60m的走道。

【注解】 无法设对外固定窗的商场、展馆等区域，不得设置超过60m的内走道。

5 靠外墙或贯通至建筑屋顶的中庭。

【特例1】 江苏③地区电动自行车库当采用机械排烟方式时，宜在外墙或顶部设置固定窗。

【特例2】 当地许可时，不靠外墙或屋顶的区域可不按上述要求设置固定窗，如福建地区、湖南地区。

4.4.11 机械排烟固定窗的设置和有效面积应符合下列要求：

---

① 《云南省建设工程消防技术导则——建筑篇（试行）》第6.1.13条。
② 《浙江省消防技术规范难点问题操作技术指南（2020版）》第3.5.1~3.5.3条。
③ 江苏省《电动自行车停放充电场所消防技术规范》DB32/T 3904—2020第8.1.5条。

1 非顶层区域的固定窗应布置在每层的外墙上。

2 顶层区域的固定窗应布置在屋顶或顶层的外墙上，但未设置自动喷水灭火系统的以及采用钢结构屋顶或预应力钢筋混凝土屋面板的建筑应布置在屋顶。

3 设置在顶层区域的固定窗，其总面积不应小于楼地面面积的2%。

【注解】指不应小于设置机械排烟系统的房间的楼地面面积的2%。

4 设置在靠外墙且不位于顶层区域的固定窗，单个固定窗的面积不应小于$1m^2$，且间距不宜大于20m，其下沿距室内地面的高度不宜小于<u>净高</u>的1/2。供消防救援人员进入的窗口面积不计入固定窗面积，但可组合布置。

5 设置在中庭区域的固定窗，其总面积不应低于中庭楼地面面积的5%。

6 固定玻璃窗应按可破拆的玻璃面积计算；带有温控功能的可开启设施应按开启时的水平投影面积计算。

7 固定窗宜按每个防烟分区在屋顶或建筑外墙上均匀布置且不应跨越防火分区。

4.4.12 除洁净厂房外，设置机械排烟系统的任一层建筑面积大于$2000m^2$的制鞋、制衣、玩具、塑料、木器加工储存等丙类工业建筑，可采用可熔性采光带（窗）替代固定窗，其面积应符合下列要求：

1 未设置自动喷水灭火系统的或采用钢结构屋顶或预应力钢筋混凝土屋面板的建筑，不应小于楼地面面积的10%；

2 其他建筑不应小于楼地面面积的5%。

【注解1】可熔性采光带（窗）采用在120～150℃能自行熔化且不产生熔滴的材料制作，设置在建筑空间上部，用于排出火场中的烟和热，符合此定性的可熔性采光带（窗）可按相关规定作为固定窗使用。设置可熔性采光带（窗）的场所及部位，应在建筑专业平面图中标注该场所及部位的地面面积、可熔性采光带（窗）的面积及设置高度。建筑内设置吊顶，不得影响可熔性采光带的有效性。

【注解2】可熔性采光带（窗）的有效面积应按其实际面积计算。

4.4.13 机械防烟系统、机械排烟系统、机械补风系统可与正常通风空调系统合用，合用的通风空调系统应符合防烟、排烟、补风系统的要求，且运转模式的转换时间满足本措施第3.7.2条的要求。

【注解1】如汽车库、修车库的机械排烟系统可与人防、卫生等的排气、通风系统合用，且优先建议与汽车库、修车库的通风系统合用，如第6.1.5节计算示例12。

【注解2】地下机动车库通风与消防排烟补风合用系统时，除自然排烟和自然通风外，需按防烟分区设置排烟排风机房和送风补风机房。最理想的情况是一个防烟分区内一个排烟排风机房和一个送风补风机房，同一个防火分区内的不同防烟分区可以共用机房和管井，为便于管路合理布置及降低层高，防火分区的共用机房建议设置在防烟分区分界处。多个防火分区相邻时，也可以在交界处共用机房（一般情况下，风机房需设置在本防火分区内或相邻防火分区交界处，特别困难时，可与建筑专业协调设置在非本防火分区）。当地下车库有多层时，建议各层优先共用管井，故每层的机房也优先上下对齐，这样可减少管井和出地面的风口数量，降低对建筑的影响。因合用系统考虑平时通风同时使用，以上共用管井或机房时，管井和机房面积都需要叠加考虑。

【注解3】地下机动车库通风与消防排烟补风合用系统设置需满足通风和消防排烟补风

两者的要求，一般方案阶段进行层高设计时，考虑消防通风系统梁下 500mm 净高，在建筑机房布置合理的情况下，可按经济性的不超过 400mm 净高考虑，当设置诱导风机式通风系统时，净高可不超过 320mm。当根据本措施附录 2 考虑机动车库排烟风管耐火极限时，应另行附加考虑 100mm 左右的空间用于安装相应的防火板或防火卷材。

【特例】 甘肃①地区当停车位超过 50 个时，平面移动类停车库、巷道堆垛类停车库的排烟系统应与通风系统分开设置。

4.4.14　地下单层汽车库宜按稀释浓度法计算排风量，如无资料时，可参考换气次数法计算，并应取两者较大值，送风量宜为排风量的 80%～90%。采用换气次数法计算车库通风量时，相关参数按下列规定选取②：

1　排风量按换气次数不小于 $6h^{-1}$ 计算，送风量按换气次数不小于 $5h^{-1}$ 计算。

2　当层高小于 3m 时，按实际高度计算换气体积；当层高大于等于 3m 时，按 3m 高度计算换气体积。

4.4.15　通风机应根据管路特性曲线和风机性能曲线进行选择，其中通风机风量应附加风管和设备的漏风量：平时用送排风系统可附加 5%～10%③，机械加压送风系统按本措施第 2.4.1 条附加，机械排烟系统按本措施第 3.5.1 条附加，机械补风系统按本措施第 3.6.8 条附加。

4.4.16　防烟排烟系统与其他系统合用对外土建井道时，在系统合用的系统类别上执行以下原则，如图 4.3.5 所示：

1　加压送风系统可与消防补风系统、空调新风系统、通风送风系统合用对外井道；

2　排烟系统可与空调排风系统、通风排风系统合用对外井道，但不得与消防补风系统、加压送风系统合用对外井道；

3　补风系统可与空调送风系统、通风送风系统、加压送风系统合用对外井道，但不得与排烟系统合用对外井道。

4.4.17　传染病相关建筑污染区和半污染区的排烟口应采用常闭排烟口④。洁净区内的排烟口应采取防倒灌措施，排烟口应采用板式排烟口。洁净区内的排烟阀应采用嵌入式安装方式，排烟阀表面应易于清洗、消毒⑤。洁净室内的排烟口及补风口应有防泄漏措施，与其相连通的排烟及补风系统的进出风口处应设防止昆虫进入的措施⑥。

---

① 《甘肃省建设工程消防设计技术审查要点（建筑工程）》第 5.2.3 条。
② 《民用建筑供暖通风与空气调节设计规范》GB 50736—2012 第 6.3.8 条。
③ 《民用建筑供暖通风与空气调节设计规范》GB 50736—2012 第 6.5.1 条第 1 款。
④ 《传染病医院建筑施工及验收规范》GB 50686—2011 第 9.2.4 条。
⑤ 《医院洁净手术部建筑技术规范》GB 50333—2013 第 12.0.11 条。
⑥ 《医药工业洁净厂房设计标准》GB 50457—2019 第 9.2.18 条第 4 款。

5 安装调试与验收

5.1 系统安装

5.1.1 建筑防烟排烟系统的设备、部件和材料，应选用符合国家及地方现行有关标准的产品。

【注解】2019年7月，市场监管总局、应急管理部取消了消防防烟排烟设备产品的3C强制性产品认证，目前消防防烟排烟设备产品的防火排烟阀门（防火阀、排烟防火阀、排烟阀）、消防排烟风机、挡烟垂壁产品实行消防自愿性认证[①]。各地根据当地验收的实际情况来执行相关的认证要求。

5.1.2 消防风机应设置在风机房内，且风机两侧（风机外壳至墙壁或其他设备的距离）应有600mm以上的空间，（风机基础或支吊架除外）。

【注解】风机基础或支吊架除外。

5.1.3 防烟排烟系统作为独立系统时，风机与风管应采用直接连接，不应加设柔性短管。只有在排烟与排风共用风管系统，或其他特殊情况时应加设柔性短管，该柔性短管应满足排烟系统运行的要求，即在高温280℃持续安全运行30min及以上的不燃材料[②]。

5.1.4 机械加压送风、机械排烟和消防补风管道可采用钢板或不锈钢板，其材料品种、规格、厚度等应符合现行国家标准《通风与空调工程施工质量验收规范》GB 50243的规定[③]。钢板风管板材厚度应符合表5.1.4-1的规定。镀锌钢板的镀锌层厚度应符合设计或合同的规定，当设计无规定时，不应采用低于80g/m² 板材；不锈钢板风管板材厚度应符合表5.1.4-2的规定。

消防风管采用钢板管材厚度　　　　　　　表5.1.4-1

类别 风管直径或 长边尺寸 b(mm)	板材厚度(mm)		
	中压系统风管		高压系统
	圆形	矩形	
$b \leqslant 320$	0.5	0.5	0.75
$320 < b \leqslant 450$	0.6	0.6	0.75

---

① 2018年12月11日市场监管总局应急管理部《关于取消部分消防产品强制性认证的公告》。
② 《通风与空调工程施工质量验收规范》GB 50243—2016 第5.2.7条。
③ 《通风与空调工程施工质量验收规范》GB 50243—2016 第4.2.3条。

续表

类别 风管直径或 长边尺寸 b(mm)	板材厚度(mm)		
	中压系统风管		高压系统
	圆形	矩形	
450＜b≤630	0.75	0.75	1.0
630＜b≤1000	0.75	0.75	1.0
1000＜b≤1500	1.0	1.0	1.2
1500＜b≤2000	1.2	1.2	1.5
2000＜b≤4000	按设计要求	1.2	按设计要求

消防风管采用不锈钢风管管材厚度   表 5.1.4-2

风管直径或长边尺寸 b(mm)	板材厚度(mm)	
	低压、中压系统	高压系统
b≤450	0.5	0.75
450＜b≤1120	0.75	1.0
1120＜b≤2000	1.0	1.2
2000＜b≤4000	1.2	按设计要求

风管系统工作压力类别划分   表 5.1.4-3

系统工作压力类别	系统工作压力 P(Pa)
低压系统	P≤500
中压系统	500＜P≤1500
高压系统	P＞1500

【注解】有耐火极限要求的风管本体、框架与固定材料、密封垫料的材质应为不燃材料。

【特例1】螺旋风管的钢板厚度可按圆形风管减少 10%～15%，加压送风、补风系统根据系统工作压力且不低于中压系统，风管系统工作压力类别划分按表 5.1.4-3 所示，排烟系统风管钢板厚度应按高压系统选择。

【特例2】排烟风道、排烟用补风风道、加压送风和事故通风风道的选用还应符合下列规定：（1）8 度及 8 度以下地区的多层建筑，宜采用镀锌钢板或钢板制作；（2）高层建筑及 9 度地区的建筑应采用热镀锌钢板或钢板制作[1]。

【特例3】人民防空工程中，当金属风道为钢制风道时，钢板厚度不应小于 1mm[2]。

5.1.5 金属风管采用法兰连接时，风管法兰材料规格应按表 5.1.5 选用，其螺栓孔的间距不得大于 150mm，矩形法兰四角处应设有螺孔；板材应采用咬口或铆接，除镀锌钢板及含有复合保护层的钢板外，板厚大于 1.5mm 的可采用焊接；风管应以板材连接的密封为主，可辅以密封胶嵌缝或其他方法密封，密封面宜设在风管的正压侧。

---

① 《建筑机电工程抗震设计规范》GB 50981—2014 第 5.1.1 条第 3 款。
② 《人民防空工程设计防火规范》GB 50098—2009 第 6.5.3 条。

金属风管法兰及螺栓规格　　　　　　　　　表 5.1.5

风管直径 D 或风管长边尺寸 b(mm)	法兰材料规格［宽×厚(mm)］	螺栓规格
D(b)≤630	25×3	M6
630<D(b)≤1500	30×3	M8
1500<D(b)≤2500	40×3	
2500<D(b)≤4000	50×3	M10

【注解】应用于防烟排烟系统的薄钢板法兰应采用螺栓连接，法兰高度、螺栓规格及螺栓孔间距应符合本条要求，强度及严密性应符合本措施第 5.1.8 条要求，如图 5.1.5 所示。

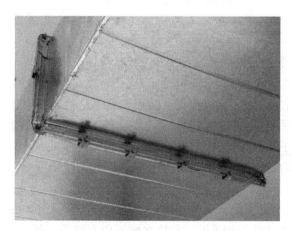

图 5.1.5　薄钢板法兰螺栓连接现场图

5.1.6　非金属风管法兰的规格应符合表 5.1.6 的规定，其螺栓孔的间距不得大于 120mm；矩形风管法兰的四角处应设有螺孔；采用套管连接时，套管厚度不得小于风管板材的厚度。

无机玻璃钢风管法兰及螺栓规格　　　　　　　表 5.1.6

风管长边尺寸 b(mm)	法兰材料规格［宽×厚(mm)］	螺栓规格
b≤400	30×4	M8
400<D(b)≤1000	40×6	
1000<D(b)≤2000	50×8	M10

5.1.7　风管的安装除了满足相关国家标准以外，还应符合下列规定：

1　风管接口的连接应严密、牢固，垫片厚度不应小于 3mm，不应凸入管内和法兰外；排烟风管法兰垫片应为不燃材料（如不燃耐高温 A 级陶瓷纤维条等）。

2　风管与风机的连接宜采用法兰连接或采用不燃材料的柔性短管连接。当风机仅用于防烟、排烟时，<u>不应采用柔性短管连接</u>。

3　风管与风机连接若有转弯处，宜加装导流叶片，保证气流顺畅。

4　当风管穿越隔墙或楼板时，风管与隔墙之间的空隙应采用水泥砂浆等不燃材料严密填实。

5.1.8   风管（道）系统安装完毕后，应按系统类别进行强度和严密性检验。严密性检验应以主、干管道为主，金属矩形风管的允许漏风量应符合下列规定，风管系统类别按表 5.1.4-3 划分：

$$低压系统风管：L_{low} \leqslant 0.1056P_{风管}^{0.65} \tag{5.1.8-1}$$

$$中压系统风管：L_{mid} \leqslant 0.0352P_{风管}^{0.65} \tag{5.1.8-2}$$

$$高压系统风管：L_{high} \leqslant 0.0117P_{风管}^{0.65} \tag{5.1.8-3}$$

式中：L_{low}，L_{mid}，L_{high}——系统风管在相应工作压力下，单位面积风管单位时间内的允许漏风量 $[m^3/(h \cdot m^2)]$；

$P_{风管}$——风管系统的工作压力（Pa）。

【特例1】 金属圆形风管、非金属风管允许的气体漏风量应为金属矩形风管规定值的 50%；

【特例2】 排烟风管严密性检验应按中压系统风管的规定执行。

5.1.9   挡烟垂壁的安装应符合下列规定①：

1   采用不燃无机复合板、金属板材、防火玻璃等材料制作刚性挡烟垂壁的单节宽度不应大于 2000mm，采用金属板材、无机纤维织物等制作柔性挡烟垂壁的单节宽度不宜大于 4000mm，不应大于 6000m。

2   挡烟垂壁挡烟高度的极限偏差不应大于 ±5mm；挡烟垂壁挡烟宽度的极限偏差不应大于 ±10mm。

3   活动挡烟垂壁与建筑结构（柱或墙）面的缝隙不应大于 60mm，由两块或两块以上的挡烟垂帘组成的连续性挡烟垂壁，各块之间不应有缝隙，搭接宽度不应小于 100mm，如图 5.1.9-1 所示。

4   活动挡烟垂壁的手动操作按钮应固定安装在距楼地面 1.3～1.5m 之间便于操作、明显可见处。

5   风管水管穿挡烟垂壁时应用同质防火板或防火线缝制硅玻钛金布进行封堵，如图 5.1.9-2 所示。

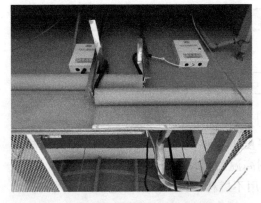

图 5.1.9-1   两块挡烟垂壁搭接安装现场图

图 5.1.9-2   风管穿挡烟垂壁安装现场图

---

① 《挡烟垂壁》XF 533—2012 第 5.1.2～5.1.3 条。

5.1.10 防火隔墙两侧的防火阀和排烟防火阀，距墙端面不应大于 200m。常闭排烟阀或排烟口远控装置控制缆绳套管的弯曲半径不小于 250mm，弯曲数量一般不多于 2 处，缆绳长度一般不大于 6m。

5.1.11 结构楼板的预留孔洞位置应正确，符合设计要求。土建风井内设置风管时应该要考虑安装空间，风管在结构楼板上预留洞尺寸，通常应大于风管外边尺寸 100mm 以上。

【注解】管井留不少于一面墙待风管安装完成后再砌筑，以适当减少风井占用面积。

5.2 系统调试

5.2.1 机械加压送风系统风速及余压的调试方法及要求应符合下列规定：

1 应选取送风系统末端所对应的送风最不利的三个连续楼层模拟起火层及其上下层，封闭避难层（间）仅需选取本层，调试送风系统使上述楼层的楼梯间、前室及封闭避难层（间）的风压值及疏散门的门洞断面风速值与设计值的偏差不大于 10%；

2 对楼梯间和前室的调试应单独分别进行，且互不影响；

3 调试楼梯间和前室疏散门的门洞断面风速时，应同时开启三个楼层的疏散门。

5.2.2 机械防烟系统的验收方法及要求应符合下列规定：

1 选取送风系统末端所对应的送风最不利的三个连续楼层模拟起火层及其上下层，封闭避难层（间）仅需选取本层，测试前室及封闭避难层（间）的风压值及疏散门的门洞断面风速值，应分别符合本措施第 2.4.10 条和第 2.4.4 条的相关规定且偏差不大于设计值的 10%；

2 对楼梯间和前室的测试应单独分别进行，且互不影响；

3 测试楼梯间和前室疏散门的门洞断面风速时，应同时开启三个楼层的疏散门。

5.2.3 机械排烟系统风速和风量的调试方法及要求应符合下列规定：

1 应根据设计模式，开启排烟风机和相应的排烟阀或排烟口，调试排烟系统使排烟阀或排烟口处的风速值及排烟量值达到设计要求；

2 开启排烟系统的同时，还应开启补风机和相应的补风口，调试补风系统使补风口处的风速及补风量达到设计要求；

3 应测试每个风口风速，核算每个风口的风量及其防烟分区总风量。

【注解】当进行排烟口、补风口的风速、风量测试时，系统开启的防烟分区排烟口、补风口应与其设计模式相对应，即与排烟量、补风量计算时开启的排烟口、补风口相对应。

5.2.4 机械排烟系统的性能验收方法及要求应符合下列规定：

1 开启任一防烟分区的全部排烟口、风机启动后测试排烟口处的风速应符合设计要求且偏差不大于设计值的 10%；

2 设有补风系统的场所，还应测试补风口风速，且应符合设计要求且偏差不大于设计值的 10%。

5.2.5 根据本措施第 3.5.23 条计算的机械排烟系统的排烟量调试可按如下方法进行：

1　系统排烟量按排烟量最大的一个防烟分区的排烟量计算时，排烟量与之不超过10％的其他防烟分区可以不作调节，而超过10％的其他防烟分区支管上可设置风量调节装置，系统调试时按各防烟分区的计算排烟量预先调试好。

2　系统排烟量按同一防火分区中任意两个相邻防烟分区的排烟量之和的最大值计算时，可于支管上设置风量调节装置，系统调试时按"两个防烟分区同时排烟"工况预先调试好各防烟分区的计算排烟量。

3　系统排烟量负担不同净高的场所时，按系统中每个场所所需的排烟量进行计算，并取其中的最大值作为系统排烟量时，按本条第1款方法进行调试。

5.3　系统验收

5.3.1　系统竣工后，应进行工程验收，验收不合格不得投入使用。

5.3.2　机械加压送风、消防补风系统的严密性试验根据系统工作压力进行验收，排烟风管严密性检验应按中压系统风管的规定进行验收。

5.3.3　防烟排烟和补风系统的验收相关内容：

1　系统观感质量综合验收；

2　设备手动功能验收；

3　设备联动启动功能验收；

4　自然通风及自然排烟、补风设施验收；

5　机械防烟系统性能验收；

6　机械排烟系统性能验收；

7　机械补风系统性能验收。

6 案例及软件计算示例

本章计算示例以上海华电源信息技术有限公司的防排烟软件（HDY 防排烟设计软件 V4.0）为配合，重点以国家标准和上海地方标准的计算示例验证软件计算的使用方法。

6.1 国家标准

6.1.1 机械加压送风计算[①]

1 楼梯间加压送风、前室不送风情况送风量

【计算示例 1】某商务大厦办公地上防烟楼梯间 13 层，高 48.1m，每层楼梯间 1 个双扇门 1.6m×2m，楼梯间的送风口均为常开风口；前室也是 1 个双扇门 1.6m×2m。

（1）根据本措施第 2.4.4 条，开启着火疏散门时为保持门洞风速所需的送风量 L_1 的确定：

一层内开启门的截面面积 $A_k=1.6×2=3.2$（m^2）；

门洞断面风速取 $v=1m/s$；

常开风口，开启门的数量 $N_1=3$；

$L_1=A_k v N_1=3.2×1×3=9.6$（$m^3/s$）

（2）根据本措施第 2.4.5 条，对于楼梯间，保持加压部位一定的正压值所需的送风量 L_2 的确定：

取门缝宽度为 0.004m，每层疏散门的有效漏风面积 $A=（2×3+1.6×2）×0.004=0.0368$（$m^2$）；

门开启时的压力差取 $\Delta P=12.0Pa$；

漏风门的数量 $N_2=13-3=10$；

$L_2=0.827×A×\Delta P^{\frac{1}{n}}×1.25×N_2=0.827×0.0368×12^{\frac{1}{2}}×1.25×10≈1.32$（$m^3/s$）

（3）根据本措施第 2.4.3 条，楼梯间的机械加压送风量：

$L_j=L_1+L_2≈9.6+1.32=10.92$（$m^3/s$）$=39312$（$m^3/h$）

（4）根据本措施第 2.4.2 条，查表 2.4.2-1，得出查表值约为 39200m^3/h，比较后取

---

① 对应《建筑防烟排烟系统技术标准》GB 51251—2017 第 3.4.5～3.4.8 条。

计算值计算风量为 39312m³/h。

（5）根据本措施第 2.4.1 条，设计风量不应小于计算风量的 1.2 倍，因此机械加压送风机设计风量不应小于 39312×1.2≈47174（m³/h）。

软件计算过程及结果如图 6.1.1-1 所示（存在数据差异的原因为软件计算结果小数点位数取值问题）。

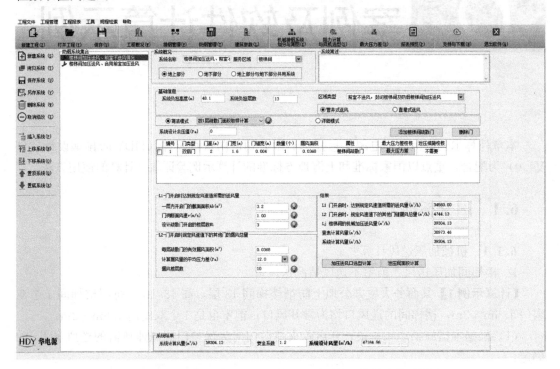

图 6.1.1-1　楼梯间加压送风、前室不送风情况软件计算示例图

2　楼梯间加压送风、合用前室加压送风情况送风量

【计算示例 2】某商务大厦办公地上防烟楼梯间 16 层、高 48m，每层楼梯间至合用前室的门为双扇 1.6m×2m，楼梯间的送风口均为常开风口；合用前室至走道的门为双扇 1.6m×2m，合用前室的送风口为常闭风口，火灾开启着火层合用前室的送风口。火灾时楼梯间压力为 50Pa，合用前室为 25Pa。

（1）根据本措施第 2.4.4 条，对于楼梯间，开启着火疏散门时为保持门洞风速所需的送风量 L_1 的确定：

一层内开启门的截面面积 $A_k=1.6×2=3.2（m^2）$；

门洞断面风速取 $v=0.7m/s$；

常开风口，开启门的数量 $N_1=3$；

$L_1=A_k v N_1=3.2×0.7×3=6.72（m^3/s）$

（2）根据本措施第 2.4.5 条，对于楼梯间，保持加压部位一定的正压值所需的送风量 L_2 的确定：

取门缝宽度为 0.004m，每层疏散门的有效漏风面积 $A=（2×3+1.6×2）×0.004=0.0368（m^2）$；

门开启时的压力差取 $\Delta P = 6.0\text{Pa}$；

漏风门的数量 $N_2 = 16 - 3 = 13$；

$$L_2 = 0.827 \times A \times \Delta P^{\frac{1}{n}} \times 1.25 \times N_2 = 0.827 \times 0.0368 \times 6^{\frac{1}{2}} \times 1.25 \times 13 \approx 1.21 \ (\text{m}^3/\text{s})$$

（3）根据本措施第 2.4.3 条，楼梯间的机械加压送风量：

$$L_j = L_1 + L_2 \approx 6.72 + 1.21 = 7.93 (\text{m}^3/\text{s}) = 28548 (\text{m}^3/\text{h})$$

（4）根据本措施第 2.4.2 条，查表 2.4.2-1，得出查表值约为 $27500\text{m}^3/\text{h}$，比较后取计算值计算风量为 $28548\text{m}^3/\text{h}$。

（5）根据本措施第 2.4.1 条，设计风量不应小于计算风量的 1.2 倍，因此机械加压送风机设计风量不应小于 $28548 \times 1.2 \approx 34258 \ (\text{m}^3/\text{h})$。

软件计算过程及结果如图 6.1.1-2 所示（存在数据差异的原因为软件计算结果小数点位数取值问题）。

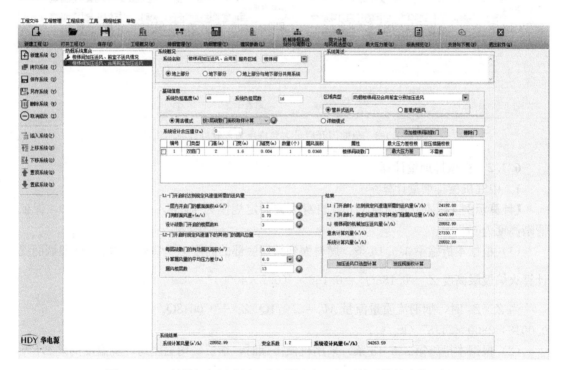

图 6.1.1-2　楼梯间加压送风、合用前室加压送风情况软件计算示例图

3　疏散门开启最大允许压力差计算

【计算示例 3】机械加压送风系统，楼梯间门宽 1m，高 2m，闭门器开启力矩 60N·m，门把手到门闩的距离 6cm。

（1）根据本措施第 2.4.11 条，门把手处克服闭门器所需的力 $F_{dc} = M/(W_m - d_m) = 60/(1-0.06) = 64 \ (\text{N})$；最大压力差 $P = 2(F' - F_{dc})(W_m - d_m)/(W_m \times A_m) = 2 \times (110 - 64) \times (1 - 0.06)/(1 \times 2) = 43\text{Pa}$。

（2）可知，在 110N 的力量下推门，能克服门两侧的最大压力差为 43Pa，楼梯间的设计余压值不应大于 43Pa。此时根据本措施第 2.4.11 条表 2.4.11，选用规格代号为 4 的闭门器。

软件计算过程及结果如图 6.1.1-3 所示。

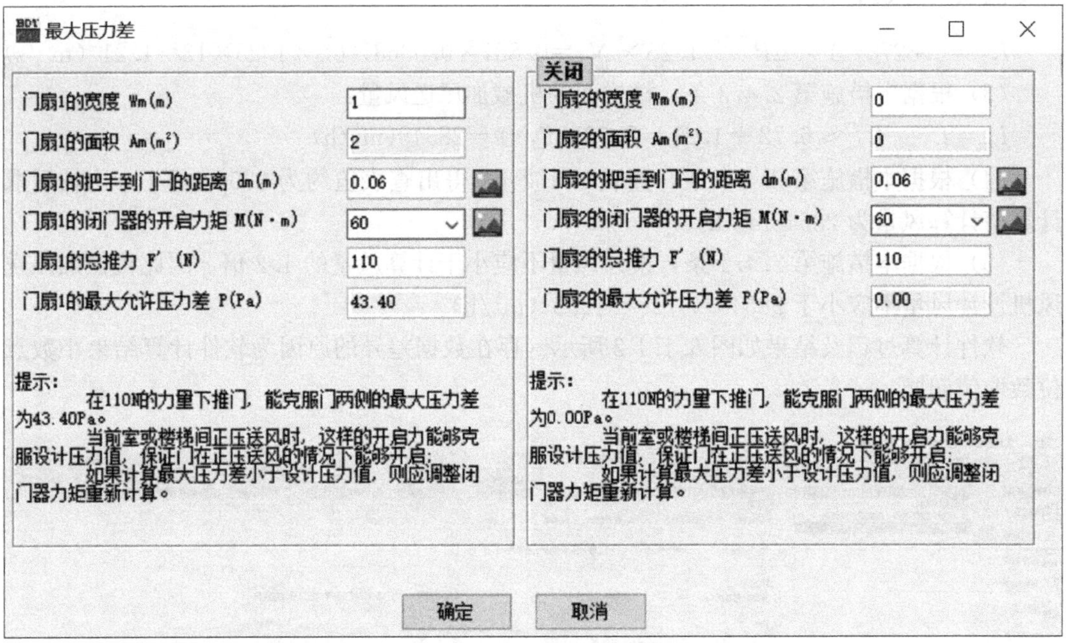

图 6.1.1-3　疏散门开启最大允许压力差软件计算示例图

6.1.2　机械排烟量计算

1　中庭机械排烟量计算[①]

【计算示例4】某中庭净高 12m，自身火灾设定规模为 4MW，燃料面高度为 0，保证清晰高度为 6m。

（1）根据本措施第 3.5.16 条，燃料面到烟层底部的高度 Z 为 6m，按轴对称型烟羽流计算火焰极限高度 $Z_1=0.166Q_c^{\frac{2}{5}}=0.166\times(0.7\times4000)^{\frac{2}{5}}\approx3.97$（m）。

当 $Z>Z_1$ 时，烟羽流质量流量 $M_p=0.071Q_c^{\frac{1}{3}}Z^{\frac{5}{3}}+0.0018Q_c=0.071\times2800^{\frac{1}{3}}\times6^{\frac{5}{3}}+0.0018\times2800\approx24.87$（kg/s）。

（2）根据本措施第 3.5.18 条，采用机械排烟时，烟层平均温度与环境温度的差 $\Delta T=KQ_c/M_pC_p=1.0\times2800/(24.87\times1.01)\approx111.49$（℃）。

（3）根据本措施第 3.5.15 条，烟层的平均绝对温度 $T=T_0+\Delta T\approx293.15+111.49=404.62$（℃），则排烟量 $V=3600M_pT/\rho_0T_0\approx3600\times24.87\times404.62/(1.2\times293.15)\approx102980$（m³/h）。

国家标准中近似取值 107000m³/h，软件计算过程及结果如图 6.1.2-1 所示（存在数据差异的原因为软件计算结果小数点位数取值问题）。

2　轴对称烟羽流排烟量计算[②]

【计算示例5】某商业建筑含有一个 3 层共享空间，建筑面积 600m²，空间设置有喷淋

---

① 对应《建筑防烟排烟系统技术标准》GB 51251—2017 第 4.6.5 条。

② 对应《建筑防烟排烟系统技术标准》GB 51251—2017 第 4.6.11 条。

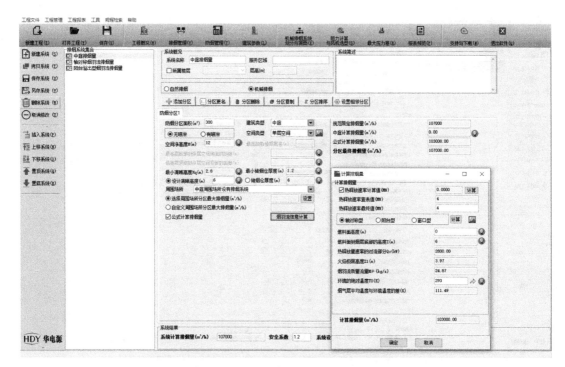

图 6.1.2-1 中庭排烟量软件计算示例图

系统，其空间尺寸长、宽、高分别为 30m、20m、15m，每层层高为 5m，最大火灾热释放速率为 4MW（按仓库取值），火源燃料面距地面高度 1m。排烟口 7 个，设于空间顶部，每个排烟口规格为 1250mm×1000mm，风口中心点到最近墙体的距离 2.5m。

（1）根据本措施第 3.5.16 条和第 3.5.19 条，按轴对称型烟羽流计算火焰极限高度 $Z_1 = 0.166Q_c^{\frac{2}{5}} = 0.166 \times (0.7 \times 4000)^{\frac{2}{5}} \approx 3.97$（m），燃料面到烟层底部的高度 $Z = (5+5-1) + (1.6+0.1\times5) = 11.1$（m）。

当 $Z > Z_1$ 时，烟羽流质量流量 $M_p = 0.071Q_c^{\frac{1}{3}}Z^{\frac{5}{3}} + 0.0018Q_c = 0.071 \times 2800^{\frac{1}{3}} \times 11.1^{\frac{5}{3}} + 0.0018 \times 2800 \approx 60.31$（kg/s）。

（2）根据本措施第 3.5.18 条，采用机械排烟时，烟层平均温度与环境温度的差 $\Delta T = KQ_c/M_pC_p = 1.0 \times 2800/ (60.31 \times 1.01) \approx 45.96$（℃）。

（3）根据本措施第 3.5.15 条，烟层的平均绝对温度 $T = T_0 + \Delta T \approx 293.15 + 45.96 = 339.11$（℃），则排烟量 $V = 3600M_pT/\rho_0T_0 \approx 3600 \times 60.31 \times 339.11/ (1.2 \times 293.15) \approx 209296$（m³/h）。

（4）根据本措施第 3.5.6 条，查表 3.5.14-1，得出查表值约为 142000m³/h，比较后取计算值，排烟量约为 209296m³/h。

软件计算过程及结果如图 6.1.2-2 所示（存在数据差异的原因为软件计算结果小数点位数取值问题）。

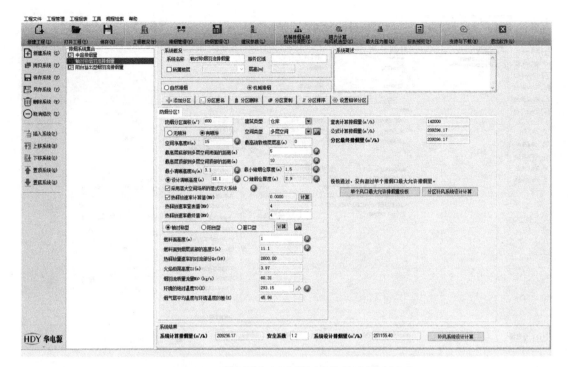

图 6.1.2-2　轴对称烟羽流排烟量软件计算示例图

3　阳台溢出型烟羽流排烟量计算[①]

【计算示例 6】某地有阳台的 2 层公共建筑，室内设有喷淋装置，每层层高 8m，阳台开口 $w=3$m，燃料面距地面 1m，至阳台下缘 $H_1=7$m，从开口至阳台边沿的距离 $b=2$m。火灾热释放速率 $Q=2.5$MW，排烟口设于侧墙并且其最近的边离吊顶小于 0.5m。

(1) 根据本措施第 3.5.16 条和第 3.5.19 条，烟羽流扩散宽度：$W=w+b=3+2=5$（m），从阳台下缘至烟层底部的最小清晰高度 $Z_b=1.6+0.1\times8=2.4$（m），按阳台溢出型烟羽流计算烟羽流质量流量 $M_p=0.36(QW^2)^{\frac{1}{3}}(Z_b+0.25H_1)=0.36\times(2500\times5^2)^{\frac{1}{3}}\times(2.4+0.25\times7)\approx59.29$（kg/s）。

(2) 根据本措施第 3.5.18 条，采用机械排烟时，烟层平均温度与环境温度的差 $\Delta T=KQ_c/M_pC_p=1.0\times1750/(59.29\times1.01)\approx29.22$（℃）。

(3) 根据本措施第 3.5.15 条，烟层的平均绝对温度 $T=T_0+\Delta T\approx293.15+29.22=322.37$（℃），则排烟量 $V=3600M_pT/\rho_0T_0\approx3600\times59.29\times322.37/(1.2\times293.15)\approx195599$（m³/h）。

(4) 根据本措施第 3.5.6 条，查表 3.5.14-1，得出查表值约为 111000m³/h，比较后取计算值，排烟量约为 195599m³/h。

软件计算过程及结果如图 6.1.2-3 所示（存在数据差异的原因为软件计算结果小数点位数取值问题）。

[①] 对应《建筑防烟排烟系统技术标准》GB 51251—2017 第 4.6.11 条。

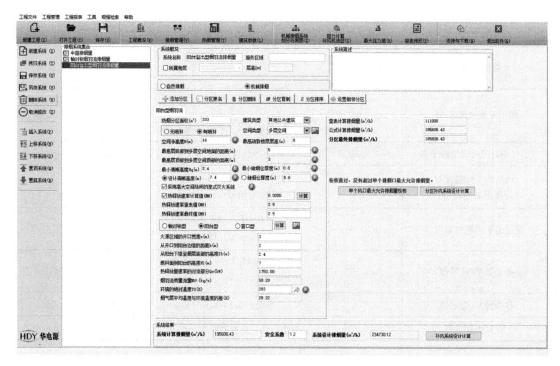

图 6.1.2-3 阳台溢出型烟羽流排烟量软件计算示例图

4 空间净高大于 6m 的防烟分区排烟量计算①

【计算示例 7】某 4 层综合大楼，一层净高为 7m，主要功能为 1200m² 的展览和 800m² 的办公，设有喷淋，燃料面距地高度取 1m。

计算过程详见表 6.1.2 所示，软件计算过程及结果如图 6.1.2-4 和图 6.1.2-5 所示（存在数据差异的原因为软件计算结果小数点位数取值问题）。

净高大于 6m 的防烟分区机械排烟量计算举例   表 6.1.2

计算值	本措施条文号	公式、单位及备注	A_1（展览）	B_1（办公）
净高 H'	3.5.19	m	7	7
储烟仓厚度 d	3.2.3	$\geqslant 0.1H'$ 且 $\geqslant 0.5$，m	1	1
最小清晰高度 H_q	3.5.19	$H_q = 1.6 + 0.1H'$，m，满足低于储烟仓	2.3	2.3
燃料面距地高度	3.5.16	根据实际取值，m	1	1
燃料面到烟层底部的高度 Z	3.5.16	$Z = H' - d - 1$，取值应大于等于最小清晰高度与燃料面高度之差，m	5	5
烟羽流类型	1.2.25	—	轴对称型	轴对称型
火灾热释放速率 Q	3.5.17	查表 3.5.17，kW	3000	1500
热释放速率的对流部分 Q_c	3.5.16	$Q_c = 0.7Q$，kW	2100	1050

---

① 对应《建筑防烟排烟系统技术标准》GB 51251—2017 第 4.6.3 条第 2 款。

续表

计算值	本措施条文号	公式、单位及备注	A_1(展览)	B_1(办公)
火焰极限高度 Z_1	3.5.16	$Z_1=0.166Q_c^{\frac{2}{5}}$,m	3.54	2.68
烟羽流质量流量 M_p	3.5.16	$Z>Z_1$ $M_p=0.071Q_c^{\frac{1}{3}}Z^{\frac{5}{3}}+0.0018Q_c$,kg/s	17.07	12.44
烟气中对流放热量因子 K	3.5.18	机械排烟	1.0	1.0
烟层的平均温度与环境温度的差 ΔT	3.5.18	$\Delta T=KQ_c/M_pC_p$,K $C_p=1.01$kJ/(kg·K)	121.80	83.57
烟层的平均绝对温度 T	3.5.15	$T=T_0+\Delta T$,K $T_0=293.15$K	414.95	376.72
排烟量 V(计算值)	3.5.15	$V=3600M_pT/\rho_0T_0$,m³/h $\rho_0=1.2$kg/m³	72487	47959
排烟量 V(查表值)	3.5.6	查表3.5.14-1,m³/h	91000	63000
计算排烟量 V	3.5.6	计算值与查表值取大,m³/h	91000	63000

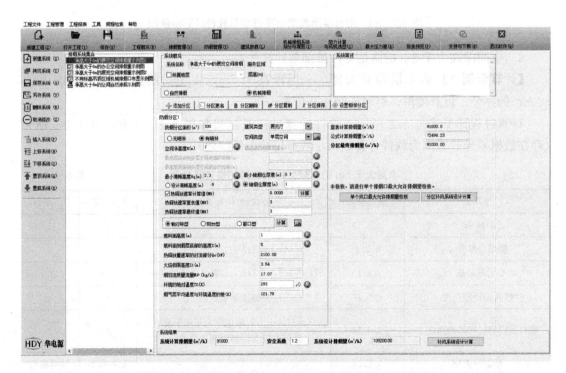

图 6.1.2-4　净高大于 6m 的展览空间排烟量软件计算示例图 1

本计算示例中净高为 7m 的展览空间若燃料面距地高度取 0，设计烟仓厚度取最小储烟仓厚度 0.7m，则可以计算出最大机械排烟量为 91249m³/h（计算过程不再赘述，软件计算过程如图 6.1.2-6 所示），大于查表值 91000m³/h，最终计算排烟量 $V=91249$m³/h。

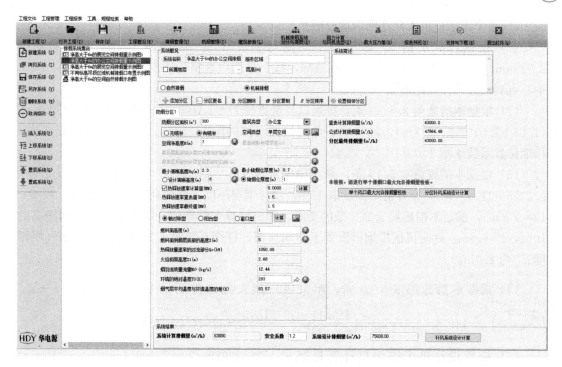

图 6.1.2-5 净高大于 6m 的办公空间排烟量软件计算示例图

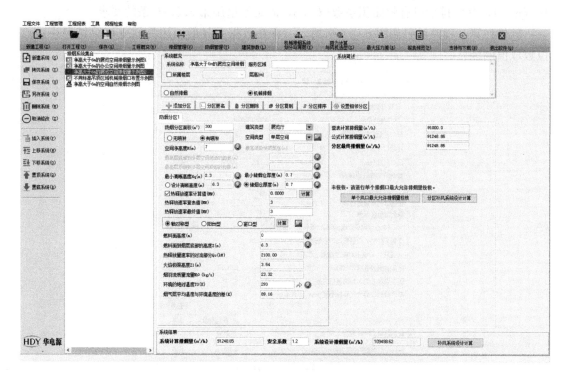

图 6.1.2-6 净高大于 6m 的展览空间排烟量软件计算示例图 2

5   单个排烟口最大允许排烟量校核[①]

（1）根据计算示例 5，烟层的平均绝对温度 T 为 339.11℃；计算排烟量约为 209296m³/h；排烟口 7 个，设于空间顶部，每个排烟口规格为 1250mm×1000mm，风口中心点到最近墙体的距离 2.5m。

（2）根据本措施第 3.5.20 条，排烟口当量直径 $D=2AB/(A+B)=2×1.25×1.0/(1.25+1.0)≈1.11$（m），风口中心点到最近墙体的距离 2.5m$≥2×1.11=2.22$（m），排烟位置系数 γ 取 1.0。

（3）根据本措施第 3.5.19 条，最小清晰高度 $H_q=5+5+1.6+0.1H'=10+1.6+0.1×5=12.1$（m），设计清晰高度取 13m，设计烟层厚度（储烟仓厚度）d 为 $5+5+5-13=2$（m），满足本措施第 3.2.3 条的要求，即机械排烟时储烟仓厚度不小于空间净高的 10%，即 1.5m。此时机械排烟口设置于空间顶部，排烟系统吸入口最低点之下烟气层厚度 d_b 为 2.0m。

（4）根据本措施第 3.5.20 条，单个风口最大允许排烟量 $V_{max}=14976·\gamma·d_b^{\frac{5}{2}}\left(\frac{T-T_0}{T_0}\right)^{\frac{1}{2}}=14976×1.0×2.0^{\frac{5}{2}}\left(\frac{339.11-293.15}{293.15}\right)^{\frac{1}{2}}≈33544$（m³/h）。

（5）核算设计单个排烟口计算排烟量 $V_e=209296/7≈29900$（m³/h）$<V_{max}=33544$（m³/h），且单个排烟口风速 $=29900/(1.25×1.0)/3600/0.8≈8.31$（m/s）$<10$（m/s），其中排烟口有效面积系数取 0.8，满足本措施第 3.5.20 条的要求。

软件计算过程及结果如图 6.1.2-7 所示（存在数据差异的原因为软件计算结果小数点位数取值问题）：

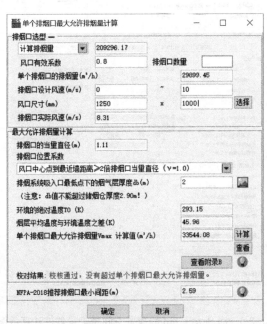

图 6.1.2-7   单个排烟口最大允许排烟量校核软件计算示例图

[①]   对应《建筑防烟排烟系统技术标准》GB 51251—2017 第 4.6.14 条。

6 不同标高吊顶区域机械排烟口布置

【计算示例8】某大楼中有一内区办公区域，建筑面积200m²，设有喷淋，燃料面距地高度取1.0m，区域内存在不同高度吊顶，高处吊顶净高7.0m，低处吊顶净高3.0m，不分防烟分区，机械排烟口设在高处侧墙上，底部标高4.5m。

（1）根据本措施第3.5.17条，办公区域火灾热释放速率Q为1.5MW。

（2）根据本措施第3.5.16条和第3.5.19条，按轴对称型烟羽流计算火焰极限高度$Z_1=0.166Q_c^{\frac{2}{5}}=0.166\times(0.7\times1500)^{\frac{2}{5}}\approx2.68$（m），燃料面到烟层底部的高度按净高7m计算$Z\geq(1.6+0.1\times7)-1=1.3$（m），取$Z=2$m。

当$Z\leq Z_1$时，烟羽流质量流量$M_p=0.032Q_c^{\frac{3}{5}}Z=0.032\times1050^{\frac{3}{5}}\times2\approx4.16$（kg/s）。

（3）根据本措施第3.5.18条，采用机械排烟时，烟层平均温度与环境温度的差$\Delta T=KQ_c/M_pC_p=1.0\times1050/(4.16\times1.01)\approx249.90$（℃）。

（4）根据本措施第3.5.15条，烟层的平均绝对温度$T=T_0+\Delta T\approx293.15+249.90=543.05$（℃），则排烟量$V=3600M_pT/\rho_0T_0\approx3600\times4.16\times543.05/(1.2\times293.15)\approx23119$（m³/h）。

（5）根据本措施第3.5.6条，查表3.5.14-1，按净高7m得出查表值约为63000m³/h，比较后取查表值，排烟量约为63000m³/h。

（6）根据本措施第3.5.20条，排烟口位于侧墙，排烟位置系数γ取0.5。

（7）根据本措施第3.5.19条，最小清晰高度按净高7m计算$H_q=1.6+0.1H'=1.6+0.1\times7=2.3$（m），设计清晰高度取3m，设计烟层厚度（储烟仓厚度）$d=7-3=4$（m），满足本措施第3.2.3条的要求，即机械排烟时储烟仓厚度不小于空间净高的10%，即0.7m。此时机械排烟口设置于侧墙上，底部标高4.5m，排烟系统吸入口最低点之下烟气层厚度$d_b=4.5-3.0=1.5$（m）。

（8）根据本措施第3.5.20条，单个风口最大允许排烟量$V_{max}=14976\cdot\gamma\cdot d_b^{\frac{5}{2}}\left(\frac{T-T_0}{T_0}\right)^{\frac{1}{2}}=14976\times0.5\times1.5^{\frac{5}{2}}\left(\frac{543.05-293.15}{293.15}\right)^{\frac{1}{2}}\approx19051$（m³/h）。

（9）侧墙设置8个规格为1000mm×320mm的机械排烟口，核算设计单个排烟口计算排烟量$V_e=63000/8=7875$（m³/h）$<V_{max}=19051$（m³/h），且单个排烟口风速=7870/(1.0×0.32)/3600/0.8≈8.54（m/s）<10（m/s），其中排烟口有效面积系数取0.8，满足本措施第3.5.20条的要求。

（10）若增加考虑排烟口的边缘距离，根据本措施第3.5.21条，机械排烟口边缘之间的最小距离$S_{min}=900\cdot(V_e/3600)^{\frac{1}{2}}=900\times(7875/3600)^{\frac{1}{2}}\approx1330$（mm），为满足此要求及本措施第3.4.5条第2款中排烟口与顶部的最大距离，风口布置如图6.1.2-8所示。

防烟分区标注示意如图1.1.7（b）所示，软件计算过程及结果如图6.1.2-9所示（存在数据差异的原因为软件计算结果小数点位数取值问题）。

6.1.3 担负多个防烟分区的排烟系统系统排烟量计算

【计算示例9】担负多个防烟分区（有喷淋）的排烟系统排烟量计算举例如图6.1.3-1和表6.1.3所示，软件计算过程及结果如图6.1.3-2所示。

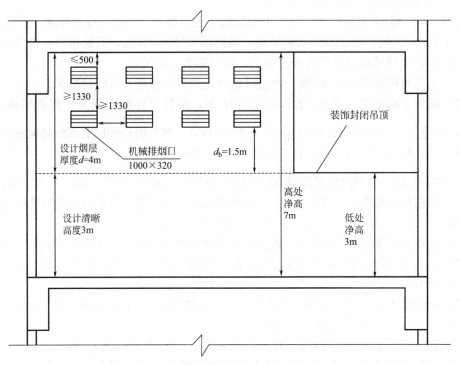

图 6.1.2-8　不同标高吊顶区域机械排烟口布置示意图

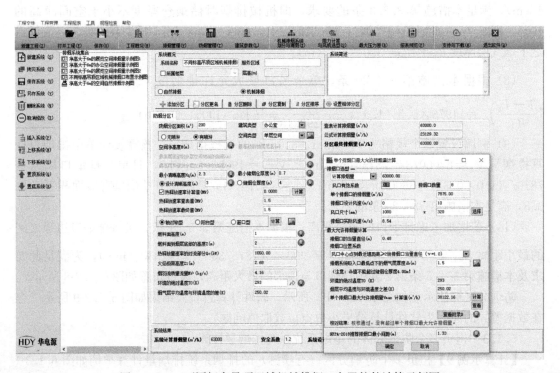

图 6.1.2-9　不同标高吊顶区域机械排烟口布置软件计算示例图

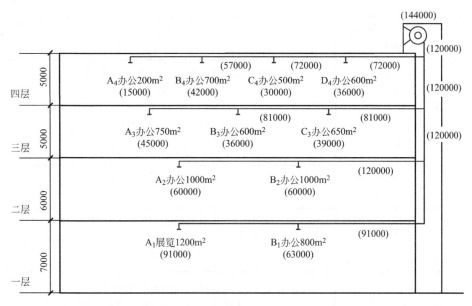

图 6.1.3-1 担负多个防烟分区（有喷淋）的排烟系统及排烟量（m³/h）示意图

担负多个防烟分区的排烟系统风量计算举例 表 6.1.3

风管管段	担负防烟分区及 面积 $S(\text{m}^2)$	通过风量 $V(\text{m}^3/\text{h})$
$A_1 \sim B_1$	$A_1(1200)$	$V(A_1)_{计算值}$（计算过程详见表 6.1.2-1）$=\underline{72487} < V(A_1)_{查表值} = 91000$ 故根据本措施第 3.5.6 条，$V(A_1) = 91000$
$B_1 \sim J$	$A_1(1200)$, $B_1(800)$	$V(B_1)_{计算值}$（计算过程详见表 6.1.2-1）$=\underline{47959} < V(B_1)_{查表值} = 63000$ $V(B_1) = 63000 < V(A_1) = 91000$ 故根据本措施第 3.5.23 条第 1 款，1 层排烟量 $V(B_1 \sim J) = V(A_1) = 91000$
$A_2 \sim B_2$	$A_2(1000)$	根据本措施第 3.5.5 条，$V(A_2) = S(A_2) \times 60 = 60000$
$B_2 \sim J$	$A_2(1000)$, $B_2(1000)$	$V(B_2) = S(B_2) \times 60 = 60000$ 故根据本措施第 3.5.23 条第 1 款，$V(B_2 \sim J) = V(A_2) + V(B_2)$ $= 60000 + 60000 = 120000$ 故二层排烟量 $V(B_2 \sim J) = 120000$
$J \sim K$	A_1, B_1, A_2, B_2	一层排烟量 $V(B_1 \sim J) = 91000 < 2$ 层排烟量 $V(B_2 \sim J) = 120000$ 故根据本措施第 3.5.23 条第 2 款，$V(J \sim K) = 120000$（一~二层最大）
$A_3 \sim B_3$	$A_3(750)$	$V(A_3) = S(A_3) \times 60 = 45000$
$B_3 \sim C_3$	$A_3(750)$, $B_3(600)$	$V(B_3) = S(B_3) \times 60 = 36000$ $V(B_3 \sim C_3) = V(A_3) + V(B_3) = 45000 + 36000 = 81000$
$C_3 \sim K$	$A_3, B_3,$ $C_3(650)$	$V(C_3) = S(C_3) \times 60 = 39000$ $V(B_3) + V(C_3) = 36000 + 39000 = 75000$ $V(A_3) + V(B_3) = 81000 > V(B_3) + V(C_3) = 75000$ 故三层排烟量 $V(C_3 \sim K) = V(A_3) + V(B_3) = 81000$

续表

风管管段	担负防烟分区及面积 $S(\mathrm{m}^2)$	通过风量 $V(\mathrm{m}^3/\mathrm{h})$
K~L	A_1,B_1, A_2,B_2, A_3,B_3,C_3	二层排烟量 $V(B_2\sim J)=120000>$一层排烟量 $V(B_1\sim J)=91000>$三层排烟量 $V(C_3\sim K)=81000$ 故 $V(K\sim L)=120000$(一~三层最大)
$A_4\sim B_4$	A_4(200)	$V(A_4)=S(A_4)\times 60=12000<15000$ 故 $V(A_4)=15000$
$B_4\sim C_4$	A_4(200), B_4(700)	$V(B_4)=S(B_4)\times 60=42000$ $V(B_4\sim C_4)=V(A_4)+V(B_4)=15000+42000=57000$
$C_4\sim D_4$	A_4,B_4, C_4(500)	$V(C_4)=S(C_4)\times 60=30000$ $V(A_4)+V(B_4)=57000<V(B_4)+V(C_4)=42000+30000=72000$ 故 $V(C_4\sim D_4)=72000$
$D_4\sim L$	A_4,B_4,C_4, D_4(600)	$V(D_4)=S(D_4)\times 60=36000$ $V(C_4)+V(D_4)=30000+36000=66000$ $V(B_4)+V(C_4)=72000>V(C_4)+V(D_4)=66000>V(A_4)+V(B_4)=57000$ 故四层排烟量=$V(D_4\sim L)=72000$
L~M	一~四层全部	$V(K\sim L)=120000>V(D_4\sim L)=72000$ 故 $V(L\sim M)=120000$(一~四层最大)
排烟风机	一~四层全部	根据本措施第 3.5.1 条,$V=1.2\times V(L\sim M)=1.2\times 120000=144000$

图 6.1.3-2　担负多个防烟分区(有喷淋)的排烟系统排烟量软件计算示例图

6.1.4　自然排烟有效开窗面积计算[①]

【计算示例 10】一净高为 7m,建筑面积为 1200m² 的展览厅,设有喷淋,燃料面距地高度取 1m。现采用自然排烟系统进行计算、自然补风。自然排烟窗设于顶部,环境温度为 20℃,空气密度为 1.2kg/m³。

(1)对比计算示例 7 和表 6.1.2,根据本措施第 3.5.17 条查得展览火灾热释放速率 $Q=3000\mathrm{kW}$。

---

① 对应《建筑防烟排烟系统技术标准》GB 51251—2017 第 4.6.15 条。

（2）根据本措施第 3.5.16 条，按轴对称型烟羽流计算火焰极限高度 $Z_1 = 0.166 Q_c^{\frac{2}{5}} = 0.166 \times (0.7 \times 3000)^{\frac{2}{5}} \approx 3.54$（m）。

（3）根据本措施第 3.5.19 条，最小清晰高度 $H_q = 1.6 + 0.1 H' = 1.6 + 0.1 \times 7 = 2.3$（m），根据本措施第 3.2.3 条，自然排烟时储烟仓厚度不小于空间净高的 20%，即 1.4m，取储烟仓厚度为 2m，设计清晰高度为 5m。燃料面到烟层底部的高度 $Z = 5 - 1 = 4$（m）。

（4）根据本措施第 3.5.16 条，当 $Z > Z_1$ 时，烟羽流质量流量 $M_p = 0.071 Q_c^{\frac{1}{3}} Z^{\frac{5}{3}} + 0.0018 Q_c = 0.071 \times (2100)^{\frac{1}{3}} \times 4^{\frac{5}{3}} + 0.0018 \times 2100 \approx 12.94$（kg/s）。

（5）根据本措施第 3.5.18 条，采用自然排烟时，烟层平均温度与环境温度的差 $\Delta T = K Q_c / M_p C_p = 0.5 \times 2100 / (12.94 \times 1.01) \approx 80.34$（℃）。

（6）根据本措施第 3.5.15 条，烟层的平均绝对温度 $T = T_0 + \Delta T \approx 293.15 + 80.34 = 373.49$（℃），则排烟量 $V = 3600 M_p T / \rho_0 T_0 \approx 3600 \times 12.94 \times 373.49 / (1.2 \times 293.15) \approx 49459$（m³/h）。

（7）储烟仓厚度为 2m，自然排烟窗设于顶部，则排烟系统吸入口最低点之下烟层厚度 $d_b = 2$m。

（8）根据本措施第 3.5.22 条，取 $C_v = 0.6$，设定 $A_v C_v / A_0 C_0 = 1$，$A_v C_v = \dfrac{M_\rho}{\rho_0} \left[\dfrac{T^2 + (A_v C_v / A_0 C_{v0})^2 T T_0}{2 g d_b \Delta T T_0} \right]^{\frac{1}{2}} = \dfrac{12.94}{1.2} \times \left[\dfrac{373.49^2 + 1^2 \times 373.49 \times 293.15}{2 \times 9.8 \times 2 \times 80.34 \times 293.15} \right]^{\frac{1}{2}} \approx 5.60$（m²），自然排烟窗（口）有效截面积 $A_v = A_v C_v / C_v \approx 5.60 / 0.6 = 9.33$m²，所有进气口总面积 $A_0 = 9.33$m²。

（9）根据本措施第 3.5.6 条，查表 3.5.14-1 得出展览厅排烟量为 91000m³/h，大于计算值 38988m³/h，按顶开窗自然排烟侧窗（口）部风速 1.092m/s 计算，自然排烟窗（口）有效截面积 $A_v = 91000/1.092/3600 \approx 23.15$（m²），大于计算值 5.05m²，则取自然排烟窗（口）有效截面积 $A_v = 23.15$（m²）。根据本措施第 3.6.5 条，自然补风口有效面积为 $0.5 A_v = 0.5 \times 23.15 \approx 11.58$（m²）。

防烟分区标注示意如图 1.1.7（b）所示，软件计算过程及结果如图 6.1.4 所示（存在数据差异的原因为软件计算结果小数点位数取值问题）：

本计算示例中净高为 7m 的展览空间按照最小储烟仓厚度 1.4m 以及燃料面距地高度 0m 计算，则可以计算出最大自然排烟量为 70159m³/h，最大自然排烟窗（口）有效截面积 11.97m²（计算过程不再赘述），计算排烟量仍小于查表值 91000m³/h，最终排烟量 $V = 91000$m³/h，最大自然排烟窗（口）有效截面积仍为 23.15m²。

6.1.5 地下机动车库通风兼消防排烟计算

【计算示例 11】某办公建筑地下二层机动车库采用机械通风和机械排烟，净高 3.7m，其中防火分区 6 分为两个防烟分区 6-1 和防烟分区 6-2，面积分别为 1500m² 和 1900m²，计算该防火分区 6 的通风和消防排烟的设计风量。

（1）根据本措施第 4.4.14 条和第 4.4.15 条，分别计算车库防火分区 6 排风量和送风量：防烟分区 1 排风机设计风量 = 1500×3×6×1.1 = 29700（m³/h），防烟分区 1 送风机

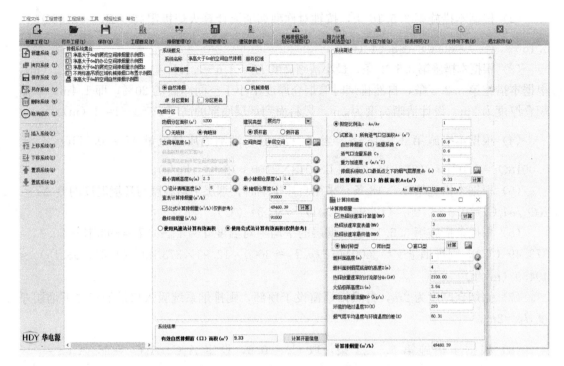

图 6.1.4　净高大于 6m 的空间自然排烟软件计算示例图

设计风量＝$1500×3×5×1.1＝24750$（m³/h）；防烟分区 2 排风机设计风量＝$1900×3×6×1.1＝37620$（m³/h），防烟分区 1 送风机设计风量＝$1900×3×5×1.1＝31350$（m³/h）。

（2）根据本措施第 3.5.2 条，分别计算车库防火分区 6 排烟量和补风量：防烟分区 1 排烟风机设计风量＝$30000＋(31500-30000)×\dfrac{3.7-3.0}{4.0-3.0}＝31050$（m³/h），防烟分区 1 补风机设计风量＝$31050×0.5＝15525$（m³/h）；防烟分区 2 排烟风机设计风量＝$30000＋(31500-30000)×\dfrac{3.7-3.0}{4.0-3.0}＝31050$（m³/h），防烟分区 2 补风机设计风量＝$31050×0.5＝15525$（m³/h）。

（3）根据本措施第 4.4.13 条，地下车库机械排烟系统与正常通风空调系统合用时，需同时满足两者的要求，即通风量和消防排烟量取大值。防烟分区 1 排风兼排烟风机风量取 31050m³/h，送风兼补风机风量＝$31050×0.8＝24840$（m³/h）；防烟分区 2 排风兼排烟风机风量取 37620m³/h，送风兼补风机风量＝$37620×0.8＝30096$（m³/h）。具体如表 6.1.5 所示。

地下车库通风兼消防排烟风量计算举例　　　　　　　　　表 6.1.5

防烟分区	面积 （m²）	净高 （m）	平时通风排风/送风 设计风量（m³/h）	消防排烟/补风设计 风量（m³/h）	排（烟）风机/补风机 风量（m³/h）
1	1500	3.7	29700/24500	31050/15525	31050/24840
2	1900	3.7	37620/31350	31050/15525	37620/31350

（4）实际设计时，根据表 6.1.5 的排（烟）风机/补风机风量进行风机的选型。在风量相差不大时，两防烟分区的风机宜尽量选用同型号，如果地库防火分区较多，选用的风机量比较多，则优先采用相同型号风机对安装、维护及控成本等均有实际意义。若实际计算是平时通风量与消防排烟风量相差加大，可以选用双速风机，以降低平时风机使用能耗。

6.2 上海市地方标准

6.2.1 上海地区担负多个防烟分区的排烟系统排烟量计算[①]

【计算示例 12】上海地区某办公建筑中一层平面担负多个防烟分区（有喷淋）的排烟系统排烟量计算举例如图 6.2.1-1 和表 6.2.1 所示，排烟风机设置在屋顶排烟机房。软件计算过程及结果如图 6.2.1-2～图 6.2.1-4 所示（存在数据差异的原因为软件计算结果小数点位数取值问题）。

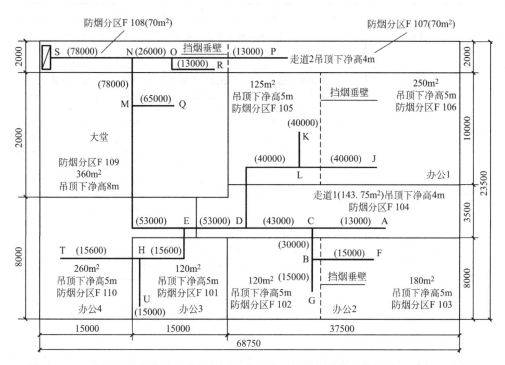

图 6.2.1-1　上海地区担负多个防烟分区（有喷淋）的排烟系统及排烟量（m³/h）示意图

上海地区担负多个防烟分区的排烟系统风量计算举例　　　　表 6.2.1

风管管段	担负防烟分区编号	通过风量 V(m³/h)
A～C	F104	根据本措施第 3.2.6 条，走道宽度 2.5＜W≤4.0，但面积≤150m²； 根据本措施第 3.5.4 条，$V(\text{F104})_{计算值}=143.75\times60=6825<V(\text{F104})_{最小值}=13000$ 故 $V(\text{A}\sim\text{C})=V(\text{F104})=13000$

风管管段	担负防烟分区编号	通过风量 V(m³/h)
F~B	F103	根据本措施第 3.5.5 条特例 4，$V(F103)_{计算值}=180\times60=10800<V(F103)_{最小值}=15000$，故 $V(F\sim B)=V(F103)=15000$
G~B	F102	$V(F102)_{计算值}=120\times60=7200<V(F102)_{最小值}=15000$，故 $V(G\sim B)=V(F102)=15000$
B~C	F104、F103	根据本措施第 3.5.23 条特例 2 第 1 款，F103、F102 两个相邻防火分区作为一个独立防烟分区 $V(B\sim C)=V(F103+F102)=15000+15000=30000$
C~D	F104、F103、F102	根据本措施第 3.5.23 条特例 2 第 4 款，最大独立防烟分区 $V(B\sim C)$ 排烟量为 40000，$V(C\sim D)=V(B\sim C)+V(F104)=30000+13000=43000$
J~L	F106	根据本措施第 3.5.5 条特例 5，$V(F106)_{计算值}=40000$，查表 3.5.5，净高 5m 的有喷淋办公 $V(F106)_{查表值}=43000$，$V(F106)_{计算值}<V(F106)_{查表值}$，故 $V(J\sim L)=V(F106)=40000$
K~L	F105	$V(K\sim L)=V(F105)_{计算值}=40000$（计算公式与国家标准相同，不再赘述，软件计算过程详见图 6.2.1-2），$V(F105)_{查表值}=43000$，$V(F105)_{计算值}<V(F105)_{查表值}$，故 $V(K\sim L)=V(F105)=40000$
L~D	F106、F105	根据本措施第 3.5.23 条特例 2 第 2 款，F106、F105 为独立防烟分区，$V(L\sim D)=\max[V(F106),V(F105)]=\max[40000,40000]=40000$
D~E	F104、F103、F102、F106、F105	根据本措施第 3.5.23 条特例 2 第 3 款和第 4 款，最大独立防烟分区排烟量为 40000，故 $V(D\sim E)=40000+13000=53000$
U~H	F101	$V(F101)_{计算值}=120\times60=7200<V(F101)_{最小值}=15000$，故 $V(U\sim H)=V(F101)=15000$
T~H	F110	$V(F110)_{计算值}=260\times60=15600>V(F101)_{最小值}=15000$，故 $V(T\sim H)=V(F110)=15600$
H~E	F101、F110	根据本措施第 3.5.23 条特例 2 第 2 款，最大独立防烟分区排烟量 $V(F110)$ 为 15600，故 $V(H\sim E)=V(F110)=15600$
E~M	F104、F103、F102、F106、F105、F101、F110	根据本措施第 3.5.23 条特例 2 第 3 款和第 4 款，最大独立防烟分区排烟量为 40000，故 $V(E\sim M)=40000+13000=53000$
Q~M	F109	根据本措施第 3.5.6 条特例 3，$V(F109)_{计算值}=65000$（计算公式与国家标准相同，不再赘述，软件计算过程详见图 6.2.1-3），查表 3.5.14-2，净高 8m 的有喷淋大堂按其他公共建筑 $V(F101)_{查表值}=96000$，$V(F109)_{计算值}<V(F106)_{查表值}$，故 $V(Q\sim M)=V(F109)=65000$
M~N	F104、F103、F102、F106、F105、F101、F110、F109	根据本措施第 3.5.23 条特例 2 第 3 款和第 4 款，最大独立防烟分区排烟量为 65000，故 $V(M\sim N)=65000+13000=78000$
P~O	F107	根据本措施第 3.2.6 条，走道宽度<2.5，根据本措施第 3.5.4 条，$V(F107)_{计算值}=70\times60=4200<V(F107)_{最小值}=13000$，故 $V(P\sim O)=V(F107)=13000$

续表

风管管段	担负防烟分区编号	通过风量 $V(\mathrm{m^3/h})$
R~O	F108	$V(F108)_{计算值}=70\times60=4200<V(F108)_{最小值}=13000$， 故 $V(R\sim O)=V(F108)=13000$
O~N	F107、F108	根据本措施第3.5.23条特例2第1款，$V(O\sim N)=V(F107)+V(F108)=$ $13000+13000=26000$
N~S	一层所有防烟分区	根据本措施第3.5.23条特例2第3款和第4款，最大独立防烟分区排烟量 为65000，故 $V(N\sim S)=65000+13000=78000$
排烟风机	一层所有防烟分区	根据本措施第3.5.1条，$V=1.2\times V(N\sim S)=1.2\times78000=93600$

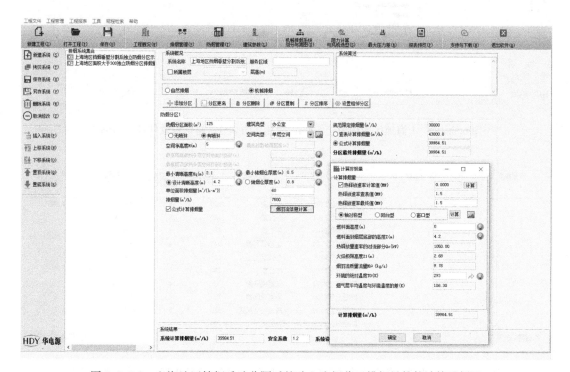

图 6.2.1-2　上海地区挡烟垂壁分隔后的独立防烟分区排烟量软件计算示例图

根据上海市地方标准中系统排烟量的计算案例，总结以下准则，供设计时快速判断：

（1）面积大于 $300\mathrm{m^2}$ 的房间应按公式法计算排烟量，即使用挡烟垂壁分隔成若干个防烟分区，每个防烟分区仍需按公式法计算排烟量。

（2）只有按 $60\mathrm{m^3}/(\mathrm{h\cdot m^2})$ 计算排烟量的防烟分区才存在相邻防烟分区，面积大于 $300\mathrm{m^2}$ 的房间即便用挡烟垂壁分隔成若干个防烟分区，每个防烟分区仍为独立防烟分区。

（3）公式法计算与查表法无需比较，且查表法仅针对设计为最小储烟仓时，故实际可按公式法计算取小值，这与国家标准的要求完全不同。

（4）同一排烟系统中，相邻防烟分区排烟量叠加，独立防烟分区排烟量不叠加。

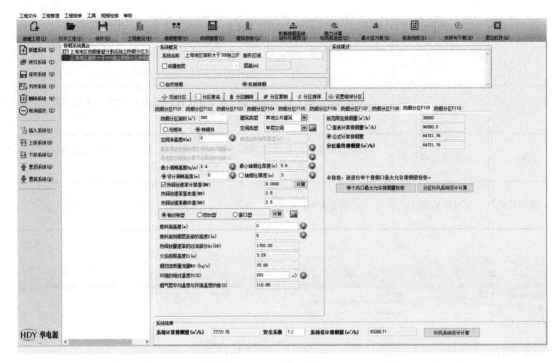

图 6.2.1-3   上海地区面积大于 $300m^2$ 的独立防烟分区排烟量软件计算示例图

所属楼层	系统名称	防烟分区名称	建筑类型	空间面积 (m²)	空间净高度 (m)	排烟量 (m³/h)	系统计算排烟量 (m³/h)
	上海排烟示例	防烟分区F101	办公室	120	5	15000.00	77721.76
		防烟分区F102	办公室	120	5	15000.00	
		防烟分区F103	办公室	180	5	15000.00	
		防烟分区F104	走道或回廊	143.75	4	13000.00	
		防烟分区F105	办公室	125	5	39984.51	
		防烟分区F106	办公室	250	5	39984.51	
		防烟分区F107	走道或回廊	70	4	13000.00	
		防烟分区F108	走道或回廊	70	4	13000.00	
		防烟分区F109	其他公共建筑	360	8	64721.76	
		防烟分区F110	办公室	260	5	15600.00	
机械排烟总系统							77721.76

图 6.2.1-4   上海地区担负多个防烟分区（有喷淋）的排烟系统排烟量软件计算示例图

（5）走道分为多个防烟分区时，仅只带多个防烟分区的走道的排烟风管排烟量可叠加，除非系统只承担走道排烟量，如与其他防烟分区合用，则整个系统的排烟量只叠加走道中最大防烟分区的排烟量。

（6）系统负担多个独立的走道时，整个系统的排烟量只叠加各走道中最大防烟分区的排烟量。

（7）整个系统走道和其他防烟分区合用时，系统排烟量只叠加一次走道中最大防烟分区的排烟量。

6.2.2 上海地区自然排烟有效开窗面积计算[①]

1 中庭自然排烟有效开窗面积计算

根据本措施第 3.5.3 条，当中庭采用自然排烟时，国家标准要求有效开窗面积至少为 59.5m^2 或 27.8m^2，而上海地区仅需按本措施第 3.5.22 条计算，仍以计算示例 4 为例，某中庭净高 12m，自身火灾设定规模为 4MW，燃料面高度为 0，保证清晰高度为 6m，顶部设置电动排烟窗。国家标准计算有效开窗面积至少为 59.5m^2，上海地区自然排烟有效开窗面积计算过程如下：

（1）根据本措施第 3.5.16 条，燃料面到烟层底部的高度 Z 为 6m，按轴对称型烟羽流计算火焰极限高度 $Z_1 = 0.166Q_c^{\frac{2}{5}} = 0.166 \times (0.7 \times 4000)^{\frac{2}{5}} \approx 3.97$ （m）。

当 $Z > Z_1$ 时，烟羽流质量流量 $M_p = 0.071Q_c^{\frac{1}{3}}Z^{\frac{5}{3}} + 0.0018Q_c = 0.071 \times 2800^{\frac{1}{3}} \times 6^{\frac{5}{3}} + 0.0018 \times 2800 \approx 24.87$ （kg/s）。

（2）根据本措施第 3.5.18 条及上海地区特例，采用自然排烟时，烟层平均温度与环境温度的差 $\Delta T = KQ_c/M_p C_p = 1.0 \times 2800/(24.87 \times 1.01) \approx 111.49$ （℃）。

（3）根据本措施第 3.5.15 条，烟层的平均绝对温度 $T = T_0 + \Delta T \approx 293.15 + 111.49 = 404.62$ （℃），则排烟量 $V = 3600M_p T/\rho_0 T_0 = 3600 \times 24.87 \times 404.62/(1.2 \times 293.15) \approx 102980$ （m³/h）。

（4）储烟仓厚度为 $12-6=6$ （m），电动排烟窗设于顶部，则排烟系统吸入口最低点之下烟层厚度 $d_b = 6\text{m}$。

（5）根据本措施第 3.5.22 条，取 $C_v = 0.6$，设定 $A_v C_v/A_0 C_0 = 1$，$A_v C_v = \frac{M_p}{\rho_0} \left[\frac{T^2 + (A_0 C_v/A_0 C_{v0})^2 T T_0}{2gd_b \Delta T T_0}\right]^{\frac{1}{2}} = \frac{24.87}{1.2} \times \left[\frac{404.62^2 + 1^2 \times 404.62 \times 293.15}{2 \times 9.8 \times 6 \times 111.49 \times 293.15}\right]^{\frac{1}{2}} \approx 5.67$ （m²），自然排烟窗（口）有效截面积 $A_v = A_v C_v/C_v \approx 5.67/0.6 = 9.36$ （m²），所有进气口总面积 $A_0 = 9.36\text{m}^2$。

软件计算过程及结果如图 6.2.2-1 所示（存在数据差异的原因为软件计算结果小数点位数取值问题）。

2 净高大于 6m 空间自然排烟有效开窗面积计算

上海地区净高大于 6m 空间仍旧按照计算示例 11。因计算公式与国家标准相同（烟气中对流放热量因子取值不同），主要区别在于上海地区不用再和表格进行比较，公式计算值即是最终值。即针对计算示例 11，现按照最小储烟仓厚度以及燃料面距地高度按 0 计算上海地区最大的自然排烟窗（口）计算有效截面积：

（1）根据本措施第 3.5.17 条查得展览火灾热释放速率 $Q = 3000\text{kW}$。

（2）根据本措施第 3.5.16 条，按轴对称型烟羽流计算火焰极限高度 $Z_1 = 0.166Q_c^{\frac{2}{5}} = 0.166 \times (0.7 \times 3000)^{\frac{2}{5}} \approx 3.54$ （m）。

（3）根据本措施第 3.5.19 条，最小清晰高度 $H_q = 1.6 + 0.1H' = 1.6 + 0.1 \times 7 = 2.3$ （m），

---

① 对应上海市《建筑防排烟系统设计标准》DG/TJ 08-88—2021 第 5.2.13 条。

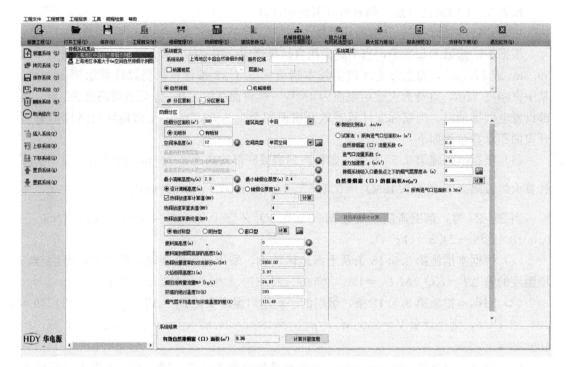

图 6.2.2-1　上海地区中庭自然排烟软件计算示例图

根据本措施第 3.2.3 条，自然排烟时储烟仓厚度不小于空间净高的 20%，即 1.4m，取储烟仓厚度为最小储烟仓厚度 1.4m，设计清晰高度为 5.6m。燃料面到烟层底部的高度 $Z=5.6-0=5.6$（m）。

（4）根据本措施第 3.5.16 条，当 $Z>Z_1$ 时，烟羽流质量流量 $M_p=0.071Q_c^{\frac{1}{3}}Z^{\frac{5}{3}}+0.0018Q_c=0.071\times（2100）^{\frac{1}{3}}\times5.6^{\frac{5}{3}}+0.0018\times2100\approx19.84$（kg/s）。

（5）根据本措施第 3.5.18 条及其上海地区特例，采用自然排烟时，烟层平均温度与环境温度的差 $\Delta T=KQ_c/M_pC_p=1.0\times2100/（19.84\times1.01）\approx104.80$（℃）。

（6）根据本措施第 3.5.15 条，烟层的平均绝对温度 $T=T_0+\Delta T\approx293.15+104.80=397.95$（℃），则排烟量 $V=3600M_pT/\rho_0T_0\approx3600\times19.84\times397.95/（1.2\times293.15）\approx80798$（$m^3$/h）。

（7）储烟仓厚度为 1.4m，自然排烟窗设于顶部，则排烟系统吸入口最低点之下烟层厚度 $d_b=1.4m$。

（8）根据本措施第 3.5.22 条，取 $C_v=0.6$，设定 $A_vC_v/A_0C_0=1$，$A_vC_v=\dfrac{M_\rho}{\rho_0}$

$\left[\dfrac{T^2+（A_vC_v/A_0C_{v0}）^2TT_0}{2gd_b\Delta TT_0}\right]^{\frac{1}{2}}=\dfrac{19.84}{1.2}\times\left[\dfrac{397.95^2+1^2\times397.95\times293.15}{2\times9.8\times1.4\times104.80\times293.15}\right]^{\frac{1}{2}}\approx9.44$（$m^2$），

自然排烟窗（口）有效截面积 $A_v=A_vC_v/C_v\approx9.44/0.6=15.73$（$m^2$），所有进气口总面积 $A_0=15.73m^2$。

（9）根据本措施第 3.6.2 条，按不小于计算排烟量 50% 计算补风量为 $0.5\times80798=$

40399（m³/h），计算自然补风口有效面积＝40399/3/3600≈3.74（m²）。同时根据本措施第3.6.5条，自然补风口不应小于所在防烟分区总自然排烟有效面积的1/2，即 $0.5A_v=0.5\times15.73\approx7.90$（m²），两者取大值，在所有进气口总面积 A_0 中专门设置的自然补风口有效面积应不小于7.90m²。

软件计算过程及结果如图6.2.2-2所示（存在数据差异的原因为软件计算结果小数点位数取值问题）。

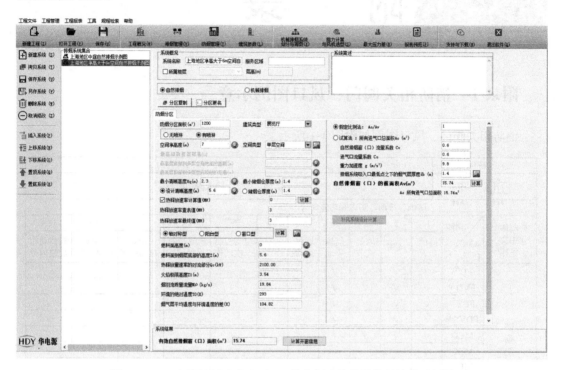

图6.2.2-2　上海地区净高大于6m的空间自然排烟软件计算示例图

附　　　录

附录1　消防相关阀门、风口图例示意

消防相关阀门、风口图例如附图1-1所示。

符号		说明										
⊞　—┼—		防烟、排烟、防火阀功能表										
***　　***		防烟、排烟、防火阀功能代号										
阀体中文名称	功能 阀体代号	1	2	3	4	5	6①	7②	8②	9	10	11③
		防烟防火	风阀	风量调节	阀体手动	远程手动	常闭	电动控制一次动作	电动控制反复动作	70℃自动关闭	280℃自动关闭	阀体动作反馈信号
防烟防火阀	FD④	√	√		√					√		
	FVD④	√	√	√	√					√		
	FDS④	√	√		√					√		√
	FDVS④	√	√	√	√					√		√
	MED	√	√		√			√				√
	MEC	√	√		√		√	√				√
	MEE	√	√		√				√			√
	BED	√	√		√	√		√				√
	BEC	√	√		√	√	√	√				√
	BEE	√	√		√	√			√			√
排烟阀、电动风阀	FDSH	√	√		√						√	√
	FVSH	√	√	√	√						√	√
	MECH	√	√		√		√	√			√	√
	MEEH	√	√		√				√		√	√
	BECH	√	√		√	√	√	√			√	√
	BEEH	√	√	√	√	√			√		√	√
板式排烟口	PS	√			√	√	√	√			√	√
多叶排烟口	GS	√			√	√	√	√			√	√
多叶送风口	GP	√			√	√	√	√		√		√
防火风口	GF	√			√					√		

①除表中注明外，其余的均为常开型；且所有的阀体在动作后均可手动复位。
②消防电源(24V DC)，由消防中心控制。
③阀体需带符合信号反馈要求的接点。
④若仅用于厨房烧煮区平时排风系统，其动作装置的工作温度应当由70℃改成150℃，并附加代号"K"。
注：除常闭的风口或阀门打开时默认联动相应的风机开启或关闭之外，其他用于联动相应风机开启或关闭的阀门，附加代号"L"。

附图1-1　消防相关阀门、风口图例示意图

附录 2　风管耐火极限保证措施建议

风管无论采用哪种耐火措施，都应有国家防火建筑材料质量监督检测中心出具的耐火极限检测报告，且现场实际做法应与报告中描述的一致，严格按照检验报告中试件的材质、结构和工法施工，确保复检可以通过。耐火极限检测报告需在标准耐火试验条件下，风管或材料构件、配件或结构受到火的作用时保持完整性和隔热性。以下列举部分满足风管不同耐火极限保证措施的建议，设计人员可根据当地常用做法及验收要求进行选择。同时，综合考虑承重性、施工便利性、经济性等，最终耐火极限以符合规定的产品检测报告为准，吊顶内的排烟管隔热材料厚度需同时满足本措施第 4.3.9 条的要求。

1　金属风管＋包裹岩棉和防火板

该方法是目前应用较为广泛的耐火极限保证措施，风管采用 100％无石棉不燃 A 级防火板（如硅酸钙板、玻特板）包覆，密度为 950kg/m³，导热系数小于等于 0.27W/（m·K）；防火板与金属风管之间内衬 50mm 岩棉，密度大于等于 100kg/m³。硅酸钙板加岩棉的形式必须考虑板材的拼接缝处理（增加盖板）及弯管段、分叉段等处的拼接工艺，尤其要考虑风管和包覆的整体荷载对支吊架系统的承重要求[①]。不同耐火极限厚度要求如附表 2-1 所示，安装效果如附图 2-1 所示。

金属风管 ＋包裹岩棉和防火板不同耐火极限主要材料厚度表		附表 2-1
耐火极限(h)	岩棉厚度(mm)	防火板材厚度(mm)
0.5～1.0	50	8
2.0	50	9
3.0	50	12

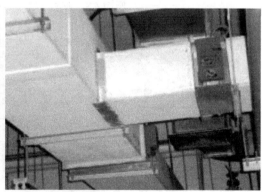

附图 2-1　金属风管＋包裹防火板现场图

2　金属风管＋柔性隔热材料包覆

该方法是将不燃 A 级防火柔性纤维卷材或板状防火棉直接敷装于金属风管外，采用搭

---

① 林星春，邵喆.《关于玻璃棉制品能否满足防排烟风管耐火极限的讨论》第 4 条。

接捆扎及高温隔热钉焊接锚固安装方式，重量轻，易于安装。密度为 96kg/m³ 或 110kg/m³，最高耐温大于等于 1200℃，在温度 800℃ 下，导热系数小于等于 0.27W/（m·K）。不同耐火极限厚度要求如附表 2-2、附表 2-3 所示，安装效果如附图 2-2、附图 2-3 所示。

金属风管＋柔性隔热材料包覆不同耐火极限主要材料厚度表　　　　附表 2-2

耐火极限（h）	柔性隔热材料厚度（mm）
0.5	20～30
1.0	40
1.5～2.0	60

金属风管＋新型板状防火棉包覆不同耐火极限主要材料厚度表　　　　附表 2-3

耐火极限（h）	柔性隔热材料厚度（mm）
0.5～1.0	50
1.5～2.0	60

附图 2-2　金属风管＋柔性隔热材料包覆现场图

附图 2-3　金属风管＋板状防火棉包覆现场图

3　装配式一体化耐火极限风管

该方法是将金属风管与防火隔热材料装配成一体化的耐火极限风管，如纤维增强硅酸盐防火风管、防腐耐火型镁质高晶板装配式风管、一体化防排烟复合风管、三明治结构装配式一体化防排烟耐火极限风管板材等，要求整体不燃 A 级，要求抗折强度大于等于12.5MPa。同时需满足本措施第 5.1.4 条的要求，安装如附图 2-4 所示。

附图 2-4　装配式一体化耐火极限风管现场图

某三明治结构装配式一体化防排烟耐火极限风管板材结构如附图 2-5 所示。核心层为110～140kg/m³ 的憎水岩棉，上下层为复合无机防火板，在无机防火板处于炽热状态时与岩棉物理连接，不含任何无化学胶水。防火风管板材的结构形式为 3mm＋19mm＋3mm或 4mm＋32mm＋4mm，工厂压制而成，双面 3～4mm 厚的防火板，结构强度大。该防火一体化板的内外防火板起到抵御内外部火的作用，并保护夹心层岩棉，在火灾情况下使岩棉发挥更好的隔热作用。将一体化防排烟耐火极限风管板材与"斤"形金属连接件组装，形成牢固的成品风管，工厂化制作，成品风管运输到现场后进行组装[①]。不同耐火极限厚度要求如附表 2-4 所示。

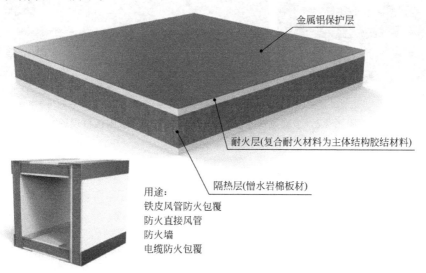

金属铝保护层

耐火层(复合耐火材料为主体结构胶结材料)

隔热层(憎水岩棉板材)

用途：
铁皮风管防火包覆
防火直接风管
防火墙
电缆防火包覆

附图 2-5　某三明治结构装配式一体化防排烟耐火极限风管板材结构形式

---

① 撒世忠，黄智华.《一种新型防排烟耐火极限风管的应用》第 3 节。

采用某三明治结构装配式一体化防排烟耐火极限风管板材，也可以对铁皮风管进行外包覆，工厂根据图纸风管尺寸下料，并打好孔洞，在现场采用碰焊钉或螺钉对板材进行固定，可以满足 1.5h 及以下耐火极限风管的要求，不同耐火极限厚度要求如附表 2-4 所示，安装效果如附图 2-6 所示。

某三明治结构装配式一体化防排烟耐火极限风管板材不同耐火极限主要材料厚度表

附表 2-4

具体构/类型从外到内厚度(mm)	耐火极限(h)	管内设计最大风速要求/(m/s)
覆铝层＋3＋19＋3	0.5	15
覆铝层＋3＋19＋3＋覆铝层	0.5	20
覆铝层＋3＋19＋3＋0.5 内置钢板	1.0	20
覆铝层＋4＋32＋4	1.0～1.5	15
覆铝层＋4＋32＋4＋覆铝层	1.0～1.5	20
铁皮＋外包＋碰焊钉	1.0	20
铁皮＋外包＋螺钉	1.5	20

附图 2-6　金属风管外包覆装配式一体化耐火极限板材现场图

参考文献

[1] 公安部四川消防研究所建筑防烟排烟系统技术标准 [S]. GB 51251-2017, 北京：中国计划出版社，2017.

[2] 上海水石建筑规划设计股份有限公司 主编 .《防排烟设计国标与各地要求对比汇编》第五版 [EB/OL]. 上海：牛侃暖通微信公众号，2021-9-14 [2022-5-1]. https：//mp. weixin. qq. com/s/ VvVRqnWLcTIuP9XXfA07EQ.

[3] 林星春 主编 . 建筑防烟排烟系统设计各地要求 PK [EB/OL]. 上海：牛侃暖通微信公众号，2021-8-27 [2022-5-1]. https：//mp. weixin. qq. com/s/bKI7AFW5boDo3N _ du1skXQ.

[4] 广西壮族自治区住房和城乡建设厅 . 自治区住房和城乡建设厅关于转发住房城乡建设部关于印发建筑工程设计文件编制深度规定（2016 年版）的通知【桂建便函〔2017〕50 号】[EB/OL]. 南宁：广西壮族自治区住房和城乡建设厅，2017-1-25 [2017-1-30]. http：//zjt. gxzf. gov. cn/wjtz/kcsj/ t1558357. shtml.

[5] 公安部天津消防研究所，消防词汇 第 2 部分：火灾预防 [S]. GB/T 5907. 2—2015, 北京：中国标准出版社，2015.

[6] 上海建筑设计研究院有限公司 等，建筑防排烟系统设计标准 [S]. DGJ 08-88—2021. 上海：同济大学出版社，2021.

[7] 公安部天津消防研究所，建筑设计防火规范 [S]. GB 50016—2014（2018 年版）. 北京：中国计划出版社，2018.

[8] 山东省住房和城乡建设厅，山东省消防救援总队 . 关于印发《山东省建筑工程消防设计部分非强制性条文适用指引》的通知 [EB/OL]. 济南：山东省住房和城乡建设厅网，2020-12-7 [2020-12-25]. http：//zjt. shandong. gov. cn/art/2020/12/7/art _ 103756 _ 10100918. html.

[9] 南京市建设工程施工图设计审查管理中心 .《建筑防烟排烟系统技术标准》技术研讨会信息 [EB/ OL]. 南京：南京勘察设计信息网，2018-9-26 [2018-10-26]. http：//www. njkcsj. com/index. php? m＝content＆c＝index＆a＝show＆catid＝40＆id＝12641.

[10] 中国建筑标准设计研究院有限公司 . 民用建筑设计统一标准 [S]. GB 50352—2019. 北京：中国建筑工业出版社，2019.

[11] 公安部天津消防研究所 . 通风管道耐火试验方法 [S]. GB/T 17428—2009. 北京：中国标准出版社，2009.

[12] 公安部天津消防研究所 . 建筑构件耐火试验方法 第 1 部分：通用要求 [S]. GB/T 9978. 1—2008. 北京：中国标准出版社，2008.

[13] 中国建筑标准设计研究院，《建筑防烟排烟系统技术标准》图示 [S]. 15K606. 北京：中国计划出版社，2018.

[14] 石家庄市住房和城乡建设局，石家庄市消防救援支队 . 关于印发《石家庄市消防设计审查疑难问题操作指南（2021 年版）》的通知【石住建办〔2021〕46 号】[EB/OL]. 石家庄：石家庄市住房和城乡建设局网，2021-11-11 [2020-11-25]. http：//zjj. sjz. gov. cn/html/zwgk/tzgg/20211111/ 8406. html.

[15] 浙江省消防救援总队，浙江省住房和城乡建设厅 . 关于印发《浙江省消防技术规范难点问题操作技术指南（2020 版）》的通知【浙消〔2020〕166 号】[EB/OL]. 浙江：浙江消防网，2021-1-6 [2021-3-6]. http：//zjxf. zj. gov. cn/art/2021/1/6/art _ 1229454601 _ 551. html.

[16] 南京长江都市建筑设计股份有限公司 . 江苏省住宅设计标准 [S]. DB 32/3920—2020. 南京：江苏凤凰科学技术出版社，2021.

[17] 倪照鹏 .《建筑设计防火规范》GB 50016—2014（2018 年版）实施指南 [M]. 北京：中国计划出版社，2020.

[18] 国家人民防空办公室 . 人民防空工程设计防火规范 [S]. GB 50098—2009. 北京：中国计划出版社，2009.

[19] 广东省工程勘察设计行业协会 . 广东省《建筑防烟排烟系统技术标准》GB 51251—2017 问题释疑 [EB/OL]. 广东：广东省工程勘察设计行业协会，2018-12-10 [2018-12-20]. http：//www. gdkcsj. com/newsinfo _ 201 _ 1847. html.

[20] 四川省勘察设计协会，重庆市勘察设计协会 . 关于印发《川渝地区建筑防烟排烟技术指南（试行）》的通知 .【川设协〔2020〕46 号】[EB/OL]. 重庆：重庆市勘察设计协会，2021-1-7 [2020-12-29] http：//www. cksx. org/News _ View. aspx? id＝17000&channelID＝2.

[21] 云南省住房和城乡建设厅 . 云南省住房和城乡建设厅关于印发云南省建设工程消防技术导则——建筑篇（试行）的通知 [EB/OL]，云南：云南省住房和城乡建设厅，2021-11-4 [2021-11-16]. https：//zfcxjst. yn. gov. cn/gongzuodongtai2/gongshigonggao4/284493. html.

[22] 贵州省住房和城乡建设厅 . 关于印发《贵州省消防技术规范疑难问题技术指南》的通知【黔建消通〔2022〕35 号】[EB/OL]. 贵州：贵州省住房和城乡建设厅，2022-4-25 [2022-5-25]. http：//zf-cxjst. guizhou. gov. cn/zwgk/xxgkml/zdlygk/csjs/202204/t20220425 _ 73614420. html.

[23] 公安部消防局 . 关于印发《建筑高度大于 250 米民用建筑防火设计加强性技术要求（试行）》的通知 . 公消〔2018〕57 号，2018.

[24] 中广电广播电影电视设计研究院 . 广播电影电视建筑设计防火标准 [S]. GY 5067—2017，2018.

[25] 江苏省住房和城乡建设厅 . 省住房城乡建设厅关于印发《江苏省建设工程消防设计审查验收常见技术难点问题解答》的通知【苏建函消防〔2021〕171 号】[EB/OL]. 江苏：江苏省住房和城乡建设厅 . 2021-4-20 [2021-4-28] http：//jscin. jiangsu. gov. cn/art/2021/4/28/art _ 49386 _ 9772480. html.

[26] 常州市勘察设计协会 . 关于执行《建筑防烟排烟系统技术标准》设计审查技术措施的通知【常设协字（11 号）】[EB/OL]. 常州：常州市勘察设计协会，2019-9-17 [2019-9-27]. https：//www. czkcsj. com/new _ detail/nid/57458. html.

[27] 甘肃省住房和城乡建设厅 . 甘肃省住房和城乡建设厅关于印发《甘肃省建设工程消防设计技术审查要点》的通知【甘建消〔2020〕383 号】[EB/OL]. 甘肃：甘肃省住房和城乡建设厅，2020-12-17 [2021-12-17]. http：//zjt. gansu. gov. cn/zjt/c115381/202012/e6a510f3147841e48ac43eb1d33c2c20. shtml.

[28] 中国建筑标准设计研究院有限公司 .《防排烟及暖通防火设计审查与安装》[S]. 20K607. 北京：中国计划出版社，2020.

[29] 中国建筑东北设计研究院，民用建筑电气设计标准 [S]. GB 51348—2019. 北京：中国建筑工业出版社，2019.

[30] 华商国际工程有限公司 . 冷库设计标准 [S]. GB 50072—2021. 北京：中国计划出版社，2021.

[31] 中国中元国际工程有限公司，物流建筑设计规范 [S]. GB 51157—2016. 北京：中国建筑工业出版社，2016.

[32] 中国石化上海工程有限公司 . 医药工业洁净厂房设计标准 [S]. GB 50457—2019. 北京：中国计划出版社，2019.

[33] 中国电子工程设计院 . 电子工业洁净厂房设计规范 [S]. GB 50472—2008. 北京：中国计划出版社，2009.

[34] 中国电子工程设计院 . 洁净厂房设计规范 [S]. GB 50073—2013. 北京：中国计划出版社，2013.

［35］ 国家卫生健康委办公厅，应急管理部办公厅 . 关于印发托育机构消防安全指南（试行）的通知【国卫办人口函〔2022〕21 号】［EB/OL］，北京：国家卫生健康委员会，2022-1-19［2022-1-20］. http：//www. nhc. gov. cn/rkjcyjtfzs/s7786/202201/d79238092436421caf86d5b4365b4e7b. shtml.

［36］ 上海市公安消防总队 . 汽车库、修车库、停车库设计防火规范［S］. GB 50067—2014. 北京：中国计划出版社，2014.

［37］ 中国建筑科学研究院 . 医院洁净手术部建筑技术规范［S］. GB 50333—2013. 北京：中国建筑工业出版社，2013.

［38］ 城市建设研究院 . 生活垃圾焚烧处理工程技术规范［S］. CJJ 90—2009. 北京：中国建筑工业出版社，2009.

［39］ 北京市建筑设计研究院 . 体育建筑设计规范［S］. JGJ 31—2003. 北京：中国建筑工业出版社，2003.

［40］ 中国建筑西南设计研究院有限公司 . 剧场建筑设计规范［S］. JGJ 57—2016. 北京：中国建筑工业出版社，2016.

［41］ 广州市设计院，广州市工程勘察设计行业协会 等 . 广州市建设工程消防设计、审查难点问题解答【穗勘设协字〔2019〕14 号】［EB/OL］. 广州：广州政务服务网，2019-12-25［2022-6-6］. http：//online. gzcc. gov. cn/download/xiaofang. pdf.

［42］ 中广电广播电影电视设计研究院 等 . 电影院建筑设计规范［S］. JGJ 58—2008. 北京：中国建筑工业出版社，2008.

［43］ 北京市公安局消防局，中国建筑科学研究院建筑防火研究所 . 自然排烟系统设计、施工及验收规范［S］. DB 11/1025—2013. 北京：北京市规划委员会，2013.

［44］ 中国建筑标准设计研究院 . 《建筑设计防火规范》图示［S］. 18J811-1. 北京：中国计划出版社，2018.

［45］ 林星春 . 关于各地防排烟设计不同要求的建议措施［J］. 建筑热能通风空调，2022，4：89-92.

［46］ 江苏省安全生产委员会办公室 . 江苏省安全生产委员会办公室关于印发电动自行车停放消防安全综合治理方案的通知【苏安办〔2018〕39 号】［EB/OL］. 江苏：江苏省人民政府，2018-6-4［2021-12-10］. http：//www. js. gov. cn/art/2018/6/4/art _ 62914 _ 362668. html? tdsourcetag＝s _ pctim _ aiomsg.

［47］ 上海市隧道工程轨道交通设计研究院 等 . 地铁设计防火标准［S］. GB 51298—2018. 北京：中国计划出版社，2018.

［48］ 国网天津市电力公司 . 天津市电动汽车充电设施建设技术标准［S］. DB/T 29-290—2021. 天津：天津市住房和城乡建设委员会，2021.

［49］ 深圳市住房和建设局 . 深圳市住房和建设局关于发布《深圳市建设工程消防设计审查指引》（办公、住宅类）的通知［EB/OL］. 深圳：深圳市住房和建设局，2021-3-17［2021-3-18］. http：//zjj. sz. gov. cn/xxgk/tzgg/content/post _ 8621058. html.

［50］ 广西制冷学会 . 关于发布广西制冷学会《建筑防烟排烟系统技术标准》问题释疑通知［EB/OL］. 广西：广西制冷学会，2020-5-27［2021-12-10］. http：//gxzlxh. com/WebUI/NewsView. aspx? ViewMode＝View&NewsId＝3d72b81f-84a2-47bc-aae1-8d4b10b98f54.

［51］ 中国民航大学 . 自然排烟窗技术规程［S］. T/CECS 884—2021. 北京：中国建筑工业出版社，2021.

［52］ NFPA and National Fire Protection Association. Standard for Smoke Control System（2021 Edition）［S］. NFPA 92—2018，2018.

［53］ 公安部天津消防研究所 . 建筑通风和排烟系统用防火阀门［S］. GB 15930—2007. 北京：中国标准出版社，2007.

[54] 中国中元国际工程公司，消防给水和消火栓系统技术规范［S］. GB 50974—2014. 北京：中国计划出版社，2014.

[55] 公安部沈阳消防研究所. 火灾自动报警系统设计规范［S］. GB 50116—2013. 北京：中国计划出版社，2013.

[56] 中国电气企业联合会. 电动汽车分散充电设施工程技术标准［S］. GB/T 51313—2018. 北京：中国计划出版社，2018.

[57] 中科院建筑设计研究院有限公司. 科研建筑设计标准［S］JGJ 91—2019. 北京：中国建筑工业出版社，2019.

[58] 三亚市住房和城乡建设局. 三亚市住房和城乡建设局关于加强建设工程消防验收现场安全操作要求及明确气体灭火系统、消防车道、双速防排烟风机等问题的通知【三住建［2021］1882号】［EB/OL］. 三亚：三亚市住房和城乡建设局，2021-11-23［2021-12-10］. http：//zj. sanya. gov. cn/zjjsite/bmwjxx/202111/5730af73294846aaa91a00fe086666fa. shtml.

[59] 三亚市住房和城乡建设局. 三亚市住房和城乡建设局关于消防验收、备案工作中双速风机若干问题的说明［EB/OL］. 三亚：三亚市住房和城乡建设局，2021-12-6［2021-12-10］. http：//zj. sanya. gov. cn/zjjsite/tzgg/202112/7422bdd83d454e04be98bb506de14eda. shtml.

[60] 苏州市住房和城乡建设局. 关于发布《2021年苏州市建设工程施工图设计审查技术问题指导》的通知［EB/OL］. 苏州：苏州住房和城乡建设，2022-3-18［2022-5-1］. https：//www. suzhou. gov. cn/szszjj/tzgg/202203/b8aab2e650da49f3a6468ddb85387629. shtml.

[61] 公安部天津消防研究所. 挡烟垂壁［S］. XF 533—2012. 北京：中国标准出版社，2012.

[62] 陕西省住房和城乡建设厅. 关于印发《陕西省建筑防火设计、审查、验收疑难点技术指南》的通知【陕建消发〔2021〕8号】［EB/OL］. 西安：陕西省住房和城乡建设厅，2021-3-12［2021-4-11］. http：//js. shaanxi. gov. cn/zcfagui/2021/3/112112. shtml.

[63] 江苏省消防救援总队. 电动自行车停放充电场所消防技术规范［S］. DB32/T 3904—2020. 南京：江苏省市场监督管理局，2020.

[64] 中国建筑科学研究院. 传染病医院建筑施工及验收规范［S］. GB 50686—2011. 北京：中国标准出版社，2011.

[65] 中国建筑科学研究院. 民用建筑供暖通风与空气调节设计规范［S］. GB 50736—2012. 北京：中国建筑工业出版社，2012.

[66] 市场监管总局，应急管理部. 关于取消部分消防产品强制性认证的公告［EB/OL］，北京：国家市场管理监督总局，2019-7-29［2021-7-29］. http：//gkml. samr. gov. cn/nsjg/rzjgs/201907/t20190729_305215. html.

[67] 上海市安装工程集团有限公司. 通风与空调工程施工质量验收规范［S］. GB 50243—2016. 北京：中国计划出版社，2016.

[68] 中国建筑设计院有限公司. 建筑机电工程抗震设计规范［S］. GB 50981—2014. 北京：中国建筑工业出版社，2014.

[69] 林星春，邵喆. 关于玻璃棉制品能否满足防排烟风管耐火极限的讨论［J］. 暖通空调，2022，52（增刊1）：179-182.

[70] 撒世忠，黄智华. 一种新型防排烟耐火极限风管的应用［J］. 暖通空调，2022，52（增刊1）：199-202.